Die Verteilung des Lichtes in den kugelförmigen Sternhaufen M 5, M 15 und M 92

Inaugural-Dissertation

genehmigt von der

Mathematisch-Naturwissenschaftlichen Abteilung
der Philosophischen Fakultät der Universität Leipzig

vorgelegt von

Werner Lohmann
aus Leipzig

Sonderabdruck aus „Zeitschrift für Astrophysik", Band 12, Heft 1

Springer-Verlag Berlin Heidelberg GmbH

1936

Angenommen von der Mathematisch-Naturwissenschaftlichen Abteilung der Philosophischen Fakultät auf Grund der Gutachten der Herren
                Hopmann und Heisenberg.

Leipzig, den 13. Februar 1936   Der Dekan
                                                                                 Rudorf

ISBN 978-3-662-40829-2   ISBN 978-3-662-41313-5 (eBook)
DOI 10.1007/978-3-662-41313-5

Meinen lieben Eltern

Inhaltsverzeichnis

1. Einleitung 1
2. Instrumente und Aufnahmen 1
3. Die Helligkeiten der Vergleichssterne 3
4. Theoretische Brauchbarkeit extrafokaler Aufnahmen . . . 10
5. Praktische Brauchbarkeit der Leipziger Aufnahmen . . . 16
6. Die Verteilung des Lichtes in der Projektion 21
7. Vergleiche mit Ergebnissen anderer Beobachter 29
8. Die Verteilung des Lichtes im Raum 30
9. Das Licht der schwachen Sterne 36
10. Übersicht 38
    Literaturverzeichnis 39

Die Zahlen in ( ) beziehen sich auf das Literaturverzeichnis

Aus fokalen Aufnahmen an einer 80 cm-Kamera sind die Helligkeitsverteilungen in drei Kugelhaufen abgeleitet worden. Es zeigt sich, daß die hellen und schwachen Sterne nicht vollständig gleichmäßig verteilt sind. Insbesondere sind in den Kernen der Haufen prozentual wenig schwache Sterne vorhanden. — Es ist bei fokalen Aufnahmen nicht möglich, die Helligkeitsverteilung selbständig abzuleiten. Von letzterer wird theoretisch festgestellt, in welchem Maße sie sich bei extrafokalen Aufnahmen ändert. — Schließlich muß eine Abschätzung durchgeführt werden, damit die Plummersche Formel (zur Ableitung der räumlichen Helligkeitsverteilung) exakte Ergebnisse liefert.

1. Einleitung.

Zur Erforschung des Aufbaues kugelförmiger Sternhaufen hat HERTZSPRUNG (1) 1918 eine Methode vorgeschlagen, die sich mit der Verteilung des gesamten Lichtes befaßt. In der Folgezeit wurden nach diesem Verfahren weitere kugelförmige Sternhaufen von BARABASCHEFF (2), SCHILT (3), NABOKOV (4) und HOGG (5) untersucht. Schließlich hat 1932 HOGG (6) das vorhandene Material zusammen mit seinen neuen Ergebnissen diskutiert.

Wie schon HERTZSPRUNG angab, kann man durch Subtraktion des Lichtes der einzelnen hellen, getrennt wahrgenommenen Sterne vom Gesamtlicht in der gleichen Fläche einen Schluß auf das Vorhandensein schwächerer, nicht einzeln auf der photographischen Platte zur Darstellung gelangender Sterne ziehen. Diesen Vorschlag hat 1930 RYBKA (7) zu einer Aussage über das Licht der schwachen Sterne im Kugelhaufen M 3 benutzt. Er fand, daß die Sterne schwächer als $16^m\!.0$ und heller als $16^m\!.0$ zur Gesamthelligkeit des Kaufens gleich viel beitragen.

In der vorliegenden Arbeit soll sowohl die Verwendbarkeit kurzbrennweitiger, lichtstarker Objektive zur Ableitung des Intensitätsverlaufes in den drei kugelförmigen Sternhaufen M 5, M 15, M 92 geprüft werden, als auch, falls sich das Verfahren als brauchbar erweist, das Licht der schwachen Sterne untersucht werden.

2. Instrumente und Aufnahmen.

Die photographischen Aufnahmen sind mit der am großen Leipziger Refraktor montierten Kamera, Eigentum des Herrn Dr. SCHAUB, gewonnen.

Ihr Petzval-Voigtländer-Objektiv aus den siebziger Jahren des vorigen Jahrhunderts hat bei einer Brennweite von 80,3 cm (photographischer Fokus) ein Öffnungsverhältnis von 1:4,5. Im Gegensatz zu den in der Einleitung erwähnten Arbeiten benutzte ich genau im experimentell ermittelten Fokus gemachte Aufnahmen. Bei der kleinen linearen Abbildung der Kugelhaufen auf den Leipziger Platten gleicht dann das Verhältnis Sternbilddurchmesser : Durchmesser des Haufens nahezu dem entsprechenden Verhältnis bei außerfokalen Aufnahmen an langbrennweitigen Rohren.

Tabelle 1.

Nr.	Datum	Sternzeit der Aufnahmemitte	Belichtungszeit	Temperatur	Bemerkung	Ausmessung	
		M 5					
K 56	1935, März, 1./2.	15^h01^m	1^h00^m	3°		0″-150″	
57	1935, März, 1./2.	15 50	0 30	3	kurz entwickelt	0	100
59	1935, März, 11./12.	14 17	2 00	−1		50	220
60	1935, März, 11./12.	15 38	0 15	−1		0	120
63	1935, Mai, 1./2.	14 28	0 20	3	H. S. R. C 8		
		14 53	0 20	3			
64	1935, Mai, 1./2.	15 45	0 20	2			
		16 10	0 20	2	H. S. R. C 8		
65	1935, Mai, 1./2.	16 36	0 07,5	1		0	80
66	1935, Mai, 3./4.	14 22	0 20	8	H. S. R. C 8		
		14 50	0 20	8			
		M 15					
K 14	1933, Okt., 22./23.	0 00	0 30	9		0	80
16	1933, Nov., 7./8.	21 22	1 00	6		0	90
		23 08	1 00	6	H. S. R. C 1		
47	1934, Sept., 13./14.	20 43	2 00	18		60	180
48	1934, Okt., 7./8.	21 46	0 45	16	M 92	0	90
		22 40	0 45	14			
49	1934, Okt., 8./9.	21 18	1 30	11	M 92	0	110
		22 55	1 30	9			
		M 92					
K 45	1934, Sept., 6./7.	20 55	2 10	15	Durchs. s. mäß.	0	110
46	1934, Sept., 7./8.	20 18	2 00	15		60	180
48	1934, Okt. 7./8.		s. M 15			0	70
49	1934, Okt. 8./9.					0	100

Die Ausmessung der Schwärzungen erfolgte mit einem HARTMANNschen Mikrophotometer älterer Art[1]). Als Plattensorte sind die 9×12 cm² „Spezialplatten für Sternaufnahmen" von MATTER genommen, die in Emofin 1:5 entwickelt wurden. In der Tabelle 1 sind die Aufnahmen

---

[1]) Beschreibung dieses Instruments bei NÖBEL (8).

zusammengestellt. Die Bedeutung der ersten fünf Spalten ist aus den Angaben am Tabellenkopf leicht ersichtlich. Die Spalte „Bemerkung" enthält unter anderem die Bezeichnung des Feldes der Harvard Standard Regions (9), dessen Sterne den Helligkeitsmessungen zugrunde gelegt wurden. In der letzten Spalte gibt die linke Zahl den inneren, die rechte Zahl den äußeren Radius des ausphotometrierten Haufengebietes, mit der Haufenmitte als Nullpunkt, in Bogensekunden an.

3. Die Helligkeiten der Vergleichssterne.

In der Nähe der von mir bearbeiteten Kugelhaufen M 5 und M 15 sind für das Studium ihrer Veränderlichen von BAILEY (10) (11) Vergleichssternfolgen angegeben. Es sei gleich an dieser Stelle summarisch bemerkt, daß sowohl die Größen der von BAILEY ausgewählten Sterne als auch die der Harvard Standard Regions auf das Internationale System der Polsequenz (12) gebracht wurden. Die Aufgabe der Arbeit verlangt weiterhin, die geschätzten Größen in den drei Positionskatalogen von KÜSTNER (13) (14) und HOPMANN (15) auf das Internationale System (I. S.) zu reduzieren. Da die Aufstellung der Vergleichssternfolgen für jeden Haufen etwas verschieden ist, habe ich im folgenden diese Wege einzeln angegeben.

M 5. Die von BAILEY (10) angegebenen Sterne liegen zwischen der 11. und 17. Größenklasse, von denen jedoch eine gewisse Zahl schwächerer wegen zu großer Nähe zum Haufen bei meinen Aufnahmen nicht zur Festlegung der Schwärzungskurven herangezogen werden konnte. Da weiterhin von den helleren Sternen verhältnismäßig wenig auf das Intervall 10^m5 bis 13^m0 fallen, war eine zweifache Erweiterung der BAILEYschen Folge zur Sicherung der Schwärzungskurven notwendig. Als hellere Zusatzsterne wählte ich von den bei KÜSTNER (12) angeführten Anhaltssternen α bis λ die aus, von denen keiner als veränderlich (16) bekannt ist, und sich bei mir nicht als solcher erwies. Ihre Größen wurden aus den bekannten Schwärzungskurven der drei Platten K 63, K 64 und K 66, auf die ja vor bzw. nach der Haufenaufnahme noch die Harvard Standard Region C 8 aufgenommen wurde, ermittelt und dann wegen differentieller Extinktion unter Benutzung einer mittleren photographischen Extinktion (17) korrigiert. Da das Feld C 8 und der Haufen sehr nahe der Plattenmitte aufgenommen wurden, war die Anbringung der Gesichtsfeldkorrektion über-

	X	Y		X	Y		X	Y
γ_1	$-22.'6$	$+0.'1$	r	$+3.'0$	$-46.'2$	t	$-5.'2$	$+17.'8$

X in Rektaszension, Y in Deklination.

flüssig. Zusammen mit drei Sternen γ_1, r und t, deren Koordinaten gegen die Haufenmitte auf S. 3 unten angeführt sind, enthält Tabelle 2 diese helleren Zusatzsterne. Dabei bedeuten, gleich vorgreifend bis zur Tabelle 8:

Bez. B., Bez. K., Bez. L.: Bezeichnung des Sternes nach BAILEY, KÜSTNER, LOHMANN.

$Nr._K$, $Nr._H$, $Nr._L$: Nummer des Sternes nach KÜSTNER, HOPMANN, LOHMANN.

m_B, m_K, m_H, m_L: Größe des Sternes nach BAILEY, KÜSTNER, HOPMANN, LOHMANN.

$m_{I.S.}$: Größe des Sternes nach Reduktion auf das I. S.

Werden zur zweiten Erweiterung der BAILEYschen Folge Sterne von KÜSTNER ausgewählt, so müssen die beiden Größensysteme BAILEY und KÜSTNER erst noch miteinander verglichen werden. Ich habe dazu die von

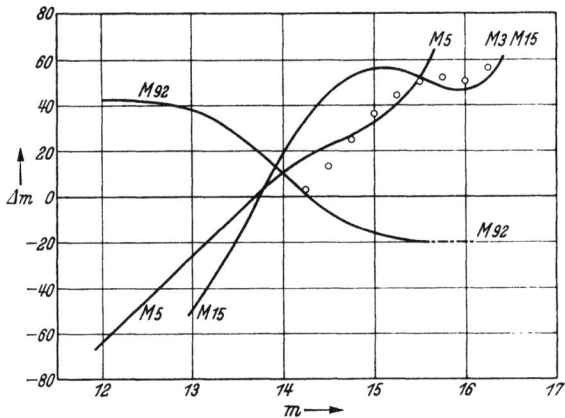

Abb. 1. Korrektion der Größensysteme Küstners und Hopmanns.

beiden Autoren angegebenen Größen gemeinsam gemessener Sterne sowohl aus diesem Grunde als auch für später überhaupt in der Tabelle 3 zusammengestellt. Man sieht den Differenzen BAILEY-KÜSTNER einen systematischen Gang in dem Sinne an, daß KÜSTNER die hellen Sterne zu schwach und die schwachen Sterne zu hell angibt. In Einheiten von $0^m.01$ sind diese Differenzen als Funktion der Größe Küstners in Abb. 1 dargestellt. Mit Benutzung dieser Korrektionen habe ich dann die Größen einiger schwächerer KÜSTNERscher Sterne auf das I. S. reduziert und dadurch die zweite notwendige Erweiterung der BAILEYschen Vergleichssternfolge durchgeführt (Tabelle 4). Ich habe dabei nur Sterne außerhalb $6.'0$ Entfernung vom Zentrum des Haufens ausgewählt, damit die Vergleichssterne nicht durch das Licht

Verteilung des Lichtes in den kugelförmigen Sternhaufen M 5 usw.

benachbarter Sterne, wie es in zentralen Partien der Fall ist, beeinflußt werden. Zur Festlegung der Schwärzungskurven dienten also die Sterne der Tabellen 2 und 4, von der Tabelle 3 diejenigen, welche die eben genannte Entfernungsbedingung erfüllen.

Tabelle 2.

Bez. K	m_L	Bez. K	m_L	Bez. K	m_L	Bez. K	m_L
ε	$10^m\!,60$	δ	$11^m\!,22$	η	$11^m\!,85$	ι	$12^m\!,31$
r	10, 67	ϑ	11, 37	γ	12, 00	t	12, 32
α	10, 79	ζ	11, 46	λ	12, 00	γ_1	12, 36

Tabelle 3.

Bez. B	Nr.$_K$	m_B	m_K	$\dfrac{m_B - m_K}{0^m\!,01}$	Bez. B	Nr.$_K$	m_B	m_K	$\dfrac{m_B - m_K}{0^m\!,01}$
a	1131	$11^m\!,30$	$11^m\!,96$	− 66	h^1	329	$15^m\!,18$	$14^m\!,79$	+ 39
b	33	11, 85	12, 35	− 50	l	214	15, 30	15, 00	+ 30
β	1143	12, 09	12, 57	− 48	m	173	15, 49	15, 25	+ 24
γ	—	12, 14	—	—	n	271	15, 80	15, 43	+ 37
δ	1122	12, 72	13, 02	− 30	o	283	16, 17	15, 47	+ 70
c	14	12, 83	13, 00	− 17	p	229	16, 49	15, 32	+ 117
d	496	13, 44	13, 49	− 05					
d^2	1114	13, 68	13, 74	− 06	a'	956	14, 83	14, 55	+ 28
e	331/332:	13, 78	—	—	b'	1056	15, 15	14, 91	+ 24
ε	1078	13, 89	13, 83	+ 06	c'	1013	15, 47	15, 23	+ 24
d^1	99	14, 03	13, 82	+ 21	d'	1012	15, 61	15, 35	+ 26
ζ	961	14, 09	14, 03	+ 06	e'	1068	15, 84	15, 29	+ 55
e^2	101	14, 26	14, 16	+ 10					
e^1	49	14, 27	14, 13	+ 14	a^2	170	14, 37	14, 22	+ 15
f	466	14, 29	14, 16	+ 13	b^2	77	15, 00	14, 74	+ 26
f^1	676	14, 50	14, 26	+ 24	c^2	86	15, 41	14, 95	+ 46
g	328	14, 65	14, 59	+ 06	d^2	60	15, 91	15, 44	+ 47
h	318	15, 06	14, 88	+ 18	e^2	114	16, 12	15, 53	+ 59

Tabelle 4.

Nr.$_K$	m_K	$m_{I.S.}$	Nr.$_K$	m_K	$m_{I.S.}$	Nr.$_K$	m_K	$m_{I.S.}$
5	$13^m\!,24$	$13^m\!,06$	12	$14^m\!,53$	$14^m\!,76$	1123	$15^m\!,02$	$15^m\!,34$
13	13, 49	13, 41	1099	14, 53	14, 76	1142	15, 12	15, 47
37	14, 15	14, 31	1134	14, 68	14, 93	1119	15, 17	15, 54
4	14, 29	14, 47	25	14, 79	15, 06	16	15, 26	15, 66
50	14, 34	14, 53	1	14, 80	15. 07	1111	15, 28	15, 69
27	14, 35	14, 54	20	14, 87	15, 15			

Diese Abweichungen BAILEY minus KÜSTNER sind, wie KÜSTNER in seinem Positionskatalog schreibt, sehr wohl möglich, denn die Hauptaufgabe, auch ähnlicher Bonner Arbeiten überhaupt, ist die Aufstellung guter Sternörter; die Größen sind beiläufig bestimmt. Dies ist von grundsätzlicher Bedeutung, so daß es angebracht ist, die betreffende Bemerkung Küstners (13, S. 43) hier mit anzuführen:

„Der mittlere Fehler einer Größe geschätzt auf einer Platte ergibt sich überschlagsweise gleich $\pm 0^m\!12$. Die innere Genauigkeit der Größenschätzungen ist also hier, gleich wie bei den anderen Haufen, wohl befriedigend klein, was aber die Zuverlässigkeit des Größensystems als solches anlangt, so darf diese, wie ich allgemein für alle von mir bearbeiteten Haufen bemerken möchte, nicht überschätzt werden. Es könnte dazu namentlich die Angabe der zweiten Dezimale der Größen in den Katalogen verleiten, die aber, wie ich betone, nur zu dem Zwecke geschehen ist, um eben später sich ergebende systematische Reduktionen ohne unnütze Anhäufung von Abrundungsfehlern anbringen zu können. Die Hauptaufgabe war die möglichst scharfe Festlegung der Örter der Sterne im Anschluß an das Fundamentalsystem; die Bestimmung der Größen ist beiläufig geschehen. Wird diese zur Hauptaufgabe gemacht, so müssen (vgl. auch BV. 14, S. 10) an mehreren Abenden Vergleichsaufnahmen des Haufens mit dem Pol gemacht werden und diese sind ferner an jedem Abend ineinander einzuschalten, um etwaige Änderungen des Luftzustandes unschädlich zu machen. Dazu sind Instrumente von mehrfach größerer Lichtstärke als die des Bonner Refraktors nötig, sonst wird die Gesamtdauer der Aufnahme zu groß. Die Ausmessung solcher Aufnahmen mit dem Mikrophotometer wird dann ein einwandfreies Größensystem ergeben."

M 92. In gleicher Weise wie Küstner hat Hopmann (15) den Kugelhaufen M 92 vermessen. Um auch hier über das Intervall von $10^m\!0$ bis $15^m\!5$ genügend Helligkeiten von Sternen zur sicheren Zeichnung der Schwärzungskurven der einzelnen Platten zu bekommen, war es nötig, neben den Hopmannschen Sternen neue geeignete Sterne auszusuchen und ihre Größen zu bestimmen. Das letztere ließ sich leicht durchführen, da das Feld B 7 der Harvard Standard Regions vom Haufen nur 2^0 entfernt ist. Bei den Aufnahmen der Platten K 45 und K 46 habe ich $BD + 44^0\ 2688$ (8, 9) als Leitstern gewählt und damit eine symmetrische Lage des Haufens und des Feldes B 7 zur Plattenmitte erreicht. Dadurch umging ich die Gesichtsfeldkorrektion, die anzubringen nötig gewesen wäre, falls ich den Haufen, wie bei sämtlichen anderen Aufnahmen, in der Plattenmitte aufgenommen hätte. Ich konnte damit die für B 7 gültige Schwärzungskurve, nur durch geringe differentielle Extinktion verbessert, sofort für das Gebiet des Haufens verwenden, ohne weitere bekannte Sterngrößen heranziehen zu müssen. Bei den beiden anderen Platten K 48 und K 49 hingegen habe

Verteilung des Lichtes in den kugelförmigen Sternhaufen M 5 usw. 7

ich M 92 und M 15 nebeneinander möglichst nahe der Plattenmitte aufgenommen und die B 7-Sterne nicht zu den Schwärzungskurven verwendet. Um aber diese beiden Aufnahmen ausnutzen zu können, habe ich auf K 45 und K 46 eine Reihe HOPMANNscher Sterne photometriert und den Schwärzungskurven der Platten K 48 und K 49 die so bestimmten Größen m_L zugrunde gelegt (Tabelle 5). Auch bei M 92 ist ein systematisches Verhalten der Differenzen LOHMANN minus HOPMANN vorhanden, das in Abb. 1 mit Argument HOPMANN und Funktion LOHMANN minus HOPMANN dargestellt ist. Die Abweichungen sind von $15^m\!,5$ ab sicher noch genügend einwandfrei extrapoliert.

Tabelle 5.

Nr.$_H$	m_L	m_H	$\dfrac{m_L - m_H}{0^m\!,01}$	Nr.$_H$	m_L	m_H	$\dfrac{m_L - m_H}{0^m\!,01}$
1206	$10^m\!20$	$9^m\!45$	+ 75	163	$14^m\!21$	$14^m\!10$	+ 11
1229	10, 85	10, 46	+ 39	16	14, 32	14, 59	— 27
436	11, 46	11, 41	+ 05	49	14, 34	14, 36	— 02
37	11, 47	11, 15	+ 32	1237	14, 36	14, 46	— 10
1234	11, 48	11, 30	+ 18	46	14, 36	14, 64	— 28
1221	12, 08	11, 64	+ 44	204	14, 38	14, 40	— 02
10	12, 09	11, 67	+ 42	69	14, 39	14, 76	— 37
1200	12, 68	12, 19	+ 49	66	14, 42	14, 64	— 22
1168	13, 16	12, 82	+ 34	1228	14, 44	14, 62	— 18
1214	13, 26	12, 83	+ 43	13	14, 49	14, 80	— 31
47	13, 32	12, 86	+ 46	1225	14, 52	14, 73	— 21
2	13, 33	12, 90	+ 43	23	14, 60	14, 87	— 27
12	13, 60	13, 53	+ 07	19	14, 93	15, 11	— 18
29	13, 76	13, 39	+ 37	8	15, 05	15, 05	00
41	13, 95	14, 15	— 20	36	15, 05	15, 30	— 25
31	14, 04	13, 74	+ 30	51	15, 12	15, 05	+ 07
28	14, 17	13, 88	+ 29	39	15, 14	15, 34	— 20
1204	14, 18	13, 91	+ 27	50	15, 21	15, 26	— 05

Nachstehend sind noch die Daten für fünf Zusatzsterne angegeben. Die Örter beziehen sich auf den Haufenmittelpunkt als Nullpunkt, die Größen sind im I. S. gemessen.

Bez. L	x	y	m_L	Bez. L	x	y	m_L
α	— 9,4	+ 26,1	$10^m\!68$	δ	+ 1,3	+ 16,7	$10^m\!95$
β	— 17,6	+ 21,8	10, 68	ε	— 26,5	— 9,8	11, 56
γ	+ 12,4	— 3,0	10, 91				

M 15. Die von BAILEY (11) ausgesuchten Vergleichssterne liegen alle zwischen der vierzehnten und siebzehnten Größenklasse. Es machte sich also hier eine vollständige Erweiterung dieser Folge bis zur zehnten Größenklasse notwendig. Außerdem habe ich aus dem gleichen Grunde wie bei M 5 einige neue, schwächere Sterne zur sicheren Konstruktion der Schwärzungskurven auswählen müssen. Zur Lösung der ersten Aufgabe habe ich in der Umgebung des Haufens 18 Sterne ausgesucht und ihre Größen auf den Platten K 48 und K 49 unter Anschluß an die im I. S. bekannten

Tabelle 6.

$Nr._L$	x	y	m_L	$Nr._L$	x	y	m_L
1	+ 25,2	+ 3,6	9.84	10	− 12,7	+ 20,8	12.06
2	− 3,4	+ 17,2	10, 25	11	− 7,9	− 17,2	12, 11
3	+ 18,9	+ 0,8	10, 52	12	+ 20,2	− 11,7	12, 66
5	− 4,9	+ 16,6	11, 27	14	− 7,1	− 18,5	13, 17
6	− 3,0	− 16,6	11, 61	15	+ 9,9	− 4,9	13, 35
7	− 7,7	+ 19,6	11, 81	16	+ 9,5	+ 3,2	14, 02
8	− 12,7	+ 2,2	11, 99	18	+ 8,8	− 3,4	14, 48
9	+ 20,2	− 13,3	12, 02				

$Nr._L$	$Nr._K$	m_L	m_K	$\dfrac{m_L - m_K}{0^m,01}$
4	1118	10.60	11.26	− 66
13	32	12, 68	13, 10	− 42
17	1137	14, 09	13, 82	+ 27

M 92-Sterne gemessen und von der differentiellen Extinktion befreit (Tabelle 6). Die Örter der Sterne sind in Bogenminuten gegen den Haufenmittelpunkt als Nullpunkt angegeben. Die Sterne 4 bzw. 13 bzw. 17 sind identisch mit den Bonner Sternen 1118 bzw. 32 bzw. 1137. Da ich auch bei M 15 zur Erweiterung der BAILEYschen Folge im Intervall $13^m,0$ bis $15^m,5$ KÜSTNERsche (14) Sterne herangezogen habe, ist es, genau wie bei M 5, erforderlich, die KÜSTNERschen Größen auf das I. S. zu bringen. Der dazu notwendige Vergleich der von BAILEY und KÜSTNER gemeinsam gemessenen Sterne ist in Tabelle 7 durchgeführt und in Abb. 1 in der üblichen Weise veranschaulicht. Mit diesen Verbesserungen konnten schließlich die in Tabelle 8 angeführten schwächeren Sterne auf das I. S. gebracht werden und zur Ableitung der Schwärzungskurven neben denen der Tabellen 6 und 7, sofern letztere vom Zentrum weiter als 4,5 entfernt sind, benutzt werden.

Ein Maß für die Sicherheit dieser so erhaltenen doppelt erweiterten Folge gibt die Platte K 16, auf der ja zusätzlich die Harvard Standard Region C 1 aufgenommen wurde. Die beiden Schwärzungskurven, die eine mit den Sternen dieses Feldes, die andere mit den M 15-Sternen gewonnen, stimmen vollständig überein.

Verteilung des Lichtes in den kugelförmigen Sternhaufen M 5 usw.

Tabelle 7.

Bez. B	Nr.$_K$	m_B	m_K	$\dfrac{m_B - m_K}{0^m,01}$	Bez. B	Nr.$_K$	m_B	m_K	$\dfrac{m_B - m_K}{0^m,01}$
a	341	$13^m,95$	$14^m,00$	-05	p^1	466	$16^m,87$	$16^m,19$	$+68$
b	1047	14, 43	14, 02	$+41$	l^2	1078	15, 83	15, 51	$+32$
c	146	14, 59	14, 25	$+34$	m^2	1051	15, 97	15, 24	$+73$
d	255	14, 64	14, 36	$+28$	n^2	1052	16, 05	15, 88	$+17$
e	114	14, 76	14, 31	$+45$	o^2	939	16, 26	15, 94	$+32$
f	846	14, 82	14, 50	$+32$	p^2	1098	16, 41	16, 00	$+41$
g	63	15, 13	14, 53	$+60$	q^2	1050	16, 66	16, 19	$+47$
h	69	15, 33	14, 85	$+48$	r^2	1036	16, 89	16, 19	$+70$
k	1014	15, 45	15, 07	$+38$					
l	677	15, 54	14, 95	$+59$					
l^1	587	15, 76	15, 15	$+61$	l^3	79	15, 67	15, 24	$+43$
n	836	15, 85	15, 20	$+65$	m^3	112	15, 79	15, 24	$+55$
n^1	525	15, 86	15, 33	$+53$	n^3	138	16, 06	15, 48	$+58$
m	833	15, 90	15, 31	$+59$	o^3	196	16, 21	15, 65	$+56$
o	900	16, 20	15, 77	$+43$	p^3	221	16, 53	16, 07	$+46$
o^1	456	16, 34	15, 76	$+58$	q^3	83	16, 71	16, 13	$+58$
p	628	16, 57	16, 13	$+44$	r^3	50	16, 88	16, 37	$+51$

Tabelle 8.

Nr.$_K$	m_K	$m_{I.S.}$	Nr.$_K$	m_K	$m_{I.S.}$	Nr.$_K$	m_K	$m_{I.S.}$
1095	$13^m,36$	$13^m,00$	1115	$13^m,91$	$14^m,02$	2	$14^m,55$	$15^m,01$
7	13, 56	13, 40	45	13, 99	14, 17	1135	14, 66	15, 16
160	13, 56	13, 40	356	14, 19	14, 49	1	14, 67	15, 17
1130	13, 69	13, 65	1096	14, 19	14, 49	11	14, 79	15, 32
307	13, 85	13, 90	33	14, 25	14, 57	1084	14, 89	15, 43
1089	13, 90	14, 00	172	14, 39	14, 80	57	14, 93	15, 48
23	13, 91	14, 02	1079	14, 50	14, 95			

Die Unsicherheit der von mir photometrierten Sterngrößen in den Umgebungen der drei Kugelhaufen ist hinreichend klein. Für die Sterne heller als $14^m,5$ beträgt der mittlere Fehler auf einer Platte (im Durchschnitt aller Platten) $\pm 0^m,06$; er erhöht sich bei den nur auf einer M 92-Platte gemessenen schwächeren Sternen ($14^m,5$ bis $15^m,4$) auf $\pm 0^m,11$ m. F. Daß die in Abb. 1 dargestellten Skalenfehler auch bei M 3 bestehen, war eine leicht zu bestätigende Vermutung. Sowohl KÜSTNER (18) als auch SHAPLEY (19) haben von Sternen dieses Haufens die Helligkeiten bestimmt; KÜSTNER in derselben Weise wie bei M 5 und M 15, SHAPLEY objektiv photometrisch. Der Vergleich dieses reichhaltigen Materials führt zu dem erwarteten Ergebnis, daß KÜSTNER die schwachen Sterne gegen SHAPLEY ebenfalls zu hell angibt. Außerdem besteht hier eine Nullpunktsverschiedenheit für die Gruppen außerhalb und innerhalb $3',0$ Abstand vom Zentrum des Haufens in dem Sinne, daß KÜSTNER die inneren Sterne um $0\overset{m}{.}10$ heller angibt. Die mittlere Kurve der Abweichungen SHAPLEY minus KÜSTNER als Funktion von KÜSTNER ist in Abb. 1 punktiert dargestellt für die Sterne innerhalb des Kreises mit $3\overset{'}{.}0$ Radius um den Haufenmittelpunkt.

4. Theoretische Brauchbarkeit extrafokaler Aufnahmen.

Alle Untersuchungen über die flächenhafte Helligkeitsverteilung in kugelförmigen Sternhaufen sind abhängig von der Größe der einzelnen Sternscheibchen. Sind letztere klein, so kann der Verlauf des integrierten Lichtes über die einzelnen Flächenelemente nur bis zu geringer Entfernung vom Zentrum verfolgt werden. Sollen die Messungen auch in größerem Abstand durchgeführt werden, so muß man durch entsprechende extrafokale Aufnahmen ein kontinuierliches Helligkeitsbild des Haufens hervorrufen. Es ist nun klar, daß sich je nach der Abbildungsgröße der Sterne eine andere Helligkeitsverteilung ergibt. Denn seien bei Kreissymmetrie des Kugelsternhaufens (Abb. 2)

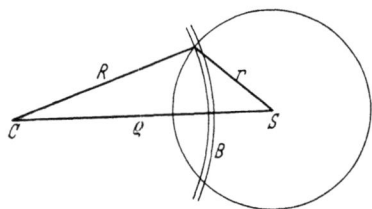

Abb. 2. C: Mittelpunkt des Haufens. S: Mittelpunkt des Sternscheibchens.

r: der Radius jedes Sternscheibchens auf der Platte,

$K = r^2 \pi$,

ϱ: die Entfernung des Sternes vom Haufenmittelpunkt,

dR: die Breite eines Ringes im Abstand

R um das Zentrum des Haufens,

$B(r, \varrho, R, dR)$: das gemeinsame Gebiet des Sternscheibchens mit dem Ring,

$f(\varrho)$: die Helligkeitsdichte im Abstand ϱ bei punktförmigem Sternscheibchen, endlich

$L(r, R)$: die Helligkeitsdichte im Abstande R bei der Sternbildgröße r,

so ist die Lichtmenge im Ring (R, dR) einerseits gleich

$$2 R \pi L(r, R) dR, \qquad (1)$$

andererseits gleich

$$2\pi \int_a^{R+r} \varrho f(\varrho) \frac{B(r, \varrho, R, dR)}{K} d\varrho, \qquad (2)$$

mithin
$$L(r, R) = \frac{1}{R\,dR} \int_a^{R+r} \frac{B(r, \varrho, R, dR)}{r^2 \pi} \varrho f(\varrho)\, d\varrho \tag{3}$$

mit der unteren Grenze $a = R - r$ für $R \geqq r$ und $a = 0$ für $R < r$. Beachtet man, daß

$$B = 2 R \arccos\left(\frac{R^2 + \varrho^2 - r^2}{2 R \varrho}\right) dR$$

ist, so folgt aus (3)

$$L(r, R) = 2 \int_a^{R+r} \frac{\varrho f(\varrho)}{r^2 \pi} \arccos\left(\frac{R^2 + \varrho^2 - r^2}{2 R \varrho}\right) d\varrho. \tag{4}$$

Gleichung (4) ist die gesuchte Lösung des Problems. Es ist dabei zu beachten, daß für $R < r$ der Ausdruck (4) in zwei Summanden zerlegt werden muß:

$$L(r, R) = 2\pi \int_0^{r-R} \frac{\varrho f(\varrho)}{r^2 \pi} d\varrho + 2 \int_{r-R}^{R+r} \frac{\varrho f(\varrho)}{r^2 \pi} \arccos\left(\frac{R^2 + \varrho^2 - r^2}{2 R \varrho}\right) d\varrho. \tag{4a}$$

Soll die Helligkeitsdichte nur im Zentrum als Funktion von r dargestellt werden, so braucht man nur für ein vorgegebenes r die Helligkeitsdichte über den Kreis $\varrho^2 \pi = r^2 \pi$ zu integrieren und durch $r^2 \pi$ zu dividieren:

$$L(r, 0) = \frac{2}{r^2} \int_0^r f(\varrho) \varrho\, d\varrho. \tag{5}$$

Wird (5) durch Differentiation nach der oberen Grenze umgekehrt, so ergibt sich

$$f(r) = L(r, 0) + \frac{r}{2} \cdot \frac{dL(r, 0)}{dr}. \tag{6}$$

Es ist also nach (6) möglich, bei einer Folge passend gewählter extrafokaler Aufnahmen aus der Helligkeitsdichte im Zentrum und ihrem Gradienten den Helligkeitsverlauf bei punktförmigem Sternbildchen abzuleiten. So ergiebig diese Methode sein wird, eine Untersuchung nach dieser Richtung mußte in Leipzig aus instrumentellen Gründen unterbleiben.

Um einen Einblick in die angezeigten Verhältnisse zu bekommen, sei zunächst in (5) bei Wahl der Längeneinheit zu 10 Bogensekunden $f(\varrho) = 10 \cdot \exp(-\tfrac{1}{3} \varrho)$ gesetzt, grob einem mittleren Helligkeitsverlauf der bearbeiteten zwei Kugelhaufen M 15 und M 92 entsprechend. Dann findet sich leicht die Lösung

$$L(r,0) = \frac{2 \cdot 10}{r^2}[9 - 3(r+3)\exp(-\tfrac{1}{3}\varrho)]. \tag{7}$$

Tabelle 9.

$r(E)$	0,0	0,6	1,2	1,8	3,0	4,2	6,0	8,4	12,0	18,0
$L(r,0)$	10,00	8,78	7,69	6,72	5,29	4,17	2,97	1,96	1,13	0,55

Der Gleichung (7) ist zu entnehmen, daß die Helligkeitsdichte im Zentrum stärker als exponentiell allein mit wachsender Größe der Sternscheibchen nach Null geht. Allerdings sind die Zahlen zwischen $L(0,0)$ und $L(2,0)$ mit einer gewissen Einschränkung zu betrachten, da an der Stelle r gleich 0 die Funktion des Beispieles eine Spitze mit von Null verschiedener Neigung der Tangente hat, während in Wahrheit bei einem Kugelhaufen dort die erste Ableitung verschwindet.

Da im allgemeinen die Integration von (4) nicht geschlossen durchzuführen ist, habe ich mich bei Durchrechnung eines Beispieles für den Ansatz (3) entschlossen. Falls dR der Längeneinheit gleichgesetzt wird, folgt

$$L = \frac{\Delta\varrho}{R}\sum f \cdot \frac{B}{K}\varrho, \tag{8}$$

wobei die Summe über $(R - {}^1/_2 - r)$ bis $(R + {}^1/_2 + r)$ zu erstrecken ist. Für ein vorgegebenes r habe ich auf einer großen Zeichnung für einige ausgewählte Ringe (R) bei Schritten von $\Delta\varrho = 0{,}2$ von innen nach außen mit einem Polarplanimeter die Fläche B gemessen und damit das Verhältnis B/K bestimmt. Je größer r war, desto mehr Flächen B ließen sich nebeneinander ausplanimetrieren. Es entsteht dann für jedes r und R ein Faktorensystem, das dann bei irgendeinem Ansatz für $f(\varrho)$ bei tabuliertem $\varrho \cdot f(\varrho)$ verhältnismäßig schnell das gesuchte $L(r,R)$ liefert.

Da die Größen B/K auch von anderer Seite einmal ausgenutzt werden könnten, habe ich sie in der Tabelle 10 hier angegeben. Es sei aber gleich an dieser Stelle darauf hingewiesen, daß diese Zahlen mit einer durch die Methode bedingten Genauigkeit erhalten wurden. Das rechnerische Verfahren nach Formel (4a) würde eine wesentliche Genauigkeitssteigerung, allerdings auf Kosten eines erheblicheren Rechenaufwandes, gestatten. Zu der Tabelle 10 selbst ist noch zu bemerken, daß aus Gründen der Raumersparnis das zweite Argument ϱ durch passende Substitution (jeweils letzte Spalte) für jedes R auf die Umgebung des Nullpunktes gebracht worden ist. Ferner sind die B/K in 10^{-2} Einheiten angegeben.

Als Beispiel ist $L(r, R)$ mit $f(\varrho) = 10 \cdot \exp(-\frac{1}{4}\varrho)$, den Verhältnissen bei M 5 sehr nahe kommend, für den inneren Teil in Abb. 3 und in Tabelle 11 angegeben. Das Verhalten der Funktion läßt sich aus dem Vergleich der einzelnen Spalten der Tabelle 11 und der Abb. 3 unschwer erkennen. Im Zentrum nimmt die Helligkeitsdichte mit wachsendem r ab; mit ansteigendem R kehrt sich dieser Effekt um, so daß das gesamte Licht eines so gebauten Haufens erhalten bleibt. Summiert man hingegen nur bis zu einer gewissen Entfernung, die wesentlich kleiner als die totale Haufengrenze ist, so bleibt das Integral der Helligkeitsdichte über diese Scheibe natürlich nicht konstant. Diese

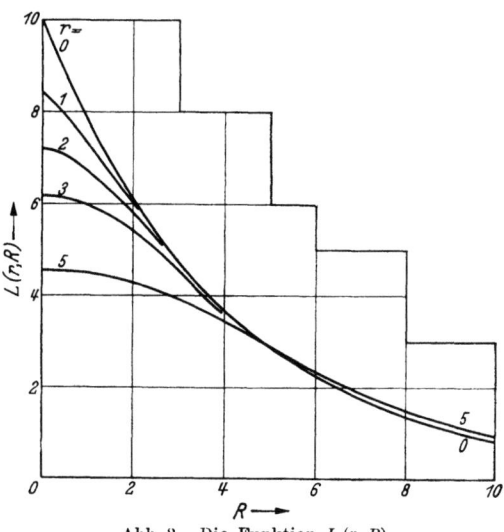

Abb. 3. Die Funktion $L(r, R)$.

Tatsache, die für meine Arbeit nicht unwesentlich ist, sei noch kurz diskutiert. Es ist nämlich die Ausgleichung des Helligkeitsabfalles, bei noch viel größeren Sternscheibchen als hier angegeben, sehr oft die Grundlage zur Bestimmung integrierter Helligkeiten ausgedehnter Objekte[1]). Mindestens ist es möglich, einen kreisförmigen Bereich um das Zentrum zu finden, innerhalb dessen die Lichtverteilung und damit die Schwärzung auf der photographischen Platte ausreichend konstant ist. Seien

R': der Radius dieses Kreises,

r: wieder der Radius des Sternscheibchens,

$\lambda(\varrho)$: das Verhältnis der den Kreisen mit R' und r gemeinsamen Fläche zur Fläche des Sternscheibchens,

so ist bei der bekannten Bedeutung von $f(\varrho)$ das in den Kreis (R') fallende Gesamtlicht

$$L' = 2\pi \int_0^{R'+r} \varrho f(\varrho) \lambda(\varrho) d\varrho. \qquad (9$$

Drei Anwendungen dieser Gleichung folgen im nächsten Abschnitt.

---

[1]) Z. B. bei NABOKOV (20).

Tabelle 10.

$r = 1, \frac{E}{0}$

$R - 1/2$	$0,0^E$					1,0					2,0					(ϱ)
0^E	100	87	75	63	52	40	28	17	10	04						ϱ_0
1		13	25	37	48	60	65	67	62	51	44	29	20	12	04	ϱ_1 — 1
2		07	16	28	45	56	66	65	61	54	46	33	22	12	04	ϱ_2 — 2
3		05	15	27	42	54	62	64	61	55	48	34	23	13	04	ϱ_3 — 3
4		05	14	27	41	52	61	63	61	56	49	35	24	13	04	ϱ_4 — 4
5		05	15	26	40	51	60	63	60	55	50	36	25	14	04	ϱ_5 — 6
7		05	15	25	39	50	59	62	59	55	50	37	25	14	04	ϱ_7 — 8
9							58	61	60	56	50	38	25			ϱ_9 — 10
11		05	14	26	38	50	58	60	60	56	50			14	04	ϱ_{11} — 13
14					37		57							15		ϱ_{14} — 16
17							57									ϱ_{17} — 19
20		05	14	26	37	50		60	60	56	50	38	25	15	04	

$r = 2, \frac{E}{0}$

$R - 1/2$	$0,0^E$					1,0					2,0					3,0					4,0					(ϱ)
0^E	25	25	25	25	25	25	21	17	14	12	07	05	03	01												ϱ_0
1	75	69	62	56	49	42	37	35	31	28	25	23	20	17	11	08	04	01			17	12	08	05	02	ϱ_1 — 1
2		06	13	19	26	32	34	35	36	35	34	32	31	28	26	24	22	20			18	12	08	05	02	ϱ_2 — 2
3		03	08	13	19	30	31	32	33	32	32	31	31	29	27	25	23	21			18	13	08	05	02	ϱ_3 — 3
4		03	07	12	18	24	29	31	32	32	31	31	30	29	28	25	24	21			19	13	09	05	02	ϱ_4 — 5
5		03	08	12	17	23	28	29	31	32	31	30	30	29	28	25	24	22			19	14	09	05	02	ϱ_5 — 7
7		03	08	12	17	23	27	29	31	32	32	30	30	29	28	26	24	22			20					ϱ_7 — 9
9		03	07	11	17	22	27	28	30	32	32	30	30	29	27	25	23									ϱ_9 — 12
11		02	06	11	16	21	25	28	29	32	32	30	30	29	26	24	23									ϱ_{11} — 15
14		02	05	09	15	20	24	27	28	32	32	30	30	28	25	23										ϱ_{14} — 18
17							23	26	28	32	32														
20		02	05	09	15	20	23	26	28	32	32	30	30	28	26	23	20	15			20	15	09	05	02	

Verteilung des Lichtes in den kugelförmigen Sternhaufen M 5 usw. 15

$r = \frac{E}{3,0}$

$R - \tfrac{1}{2}$	$0{,}0^E$	1,0	2,0	3,0	4,0	5,0	6,0	(ϱ)
0^E	11	11	11	11	11	11	11	ϱ
1	33	33 33 33 31	28 25 24 22	19 18 17 16	15 14 13 11	10 09 07 05	04 03 02 01	ϱ
2	33	33 33 31 28	25 24 22 19	18 17 16 15	14 13 11 10	09 07 05 04	03 02 01	ϱ
3	45	41 35 33 30	27 25 25 25	23 22 21 19	18 17 15 14	13 11 10 09	06 04 02 01	ϱ
4	52	49						
4	56							
4	04 07 11 15 21 23 24 22 23 22 21 19 18 17 16 15 14 13 12 10 09 06 04 02 01							— 1
5	02 06 09 13 17 20 21 22 22 22 22 20 19 18 17 15 14 13 12 11 10 09 06 04 02							— 2
6	02 05 07 11 15 18 19 20 20 20 20 20 19 18 17 16 15 14 13 12 11 10 09 06 04							— 4
7	01 04 07 10 14 16 18 19 20 20 20 19 19 18 17 16 15 14 13 12 11 10 07							— 6
8								— 8
9	06 10 13 15 17 18 19 19 19 19 19 18 17 16 15 14							— 11
11	01 03 05 08 11 13 15 16 17 18 18 19 19 19 18 17 16 15 14 12 11 07 05							— 11
14	01 03 05 08 11 13 15 16 17 18 19 19 19 19 18 17 16 13 11 08 05 03 01							— 14
17								— 17
20	01 03 05 08 11 13 16 17 18 19 20 21 20 19 18 17 16 15 13 11 08 05 03 01							—

$r = \frac{E}{5,0}$

$R - \tfrac{1}{2}$	$0{,}0^E$	2,0	4,0	6,0	8,0	10,0	(ϱ)
0^E	04	04 04 04 04	04 04 04 04	03 02 02 01	01		ϱ
1	12	12 12 12 12	12 12 10 09	08 07 06 05	04 03 02		ϱ
2	20	20 20 19 18	16 15 13 12	11 10 09 08	07 06 05 04	02	ϱ
3	28	27 24 20 18	16 15 13 13	12 11 10 09	08 07 06 05	04 02	ϱ
4	36	31 26 22 19	17 15 14 13	11 10 09 08	07 06 05 04	02 00	— 2
5	05 10 14 15 15 15 14 14 13 13 12 11 10 09 08 07 05 03						— 4
6	03 06 10 12 13 14 14 14 14 13 13 12 11 10 09 08 08 07 05						— 6
7	02 05 09 11 12 13 13 13 13 13 12 12 11 10 09 09 08 08 07						— 9
8	02 05 08 09 11 12 13 13 13 13 13 12 11 11 10 09 09 08 07						— 12
9	02 05 07 09 10 11 12 12 13 13 13 13 12 11 10 09 08 08 07 06 04 02 00						— 15
11	09 11 12 13 13 13 13 13 13 12 11 10 09 08 07 06 04						
14	09 10 11 12 13 13 13 13 12 11 10 09 08 06 04						
17	09 10 11 11 12 12 12 12 11 10 09						
20	02 05 07 09 10 11 11 11 11 11 11 10 09						

Tabelle 11.

$R \atop r$	$0{,}0 \atop E$	0,5	1,5	2,5	3,5	4,5	5,5	7,5	9,5	11,5	14,5	17,5	20,5
$0{,}0^E$	10,00	8,83	6,88	5,36	4,17	3,24	2,53	1,54	0,93	0,564	0,267	0,126	0,059
1,0	8,44	7,91	6,67	5,34	4,16	3,24	2,53	1,55	0,94	0,571	0,268	0,126	0,059
2,0	7,19	7,07	6,27	5,24	4,10	3,25	2,54	1,57	0,95	0,581	0,270	0,128	0,060
3,0	6,15	6,13	5,72	5,02	4,01	3,25	2,56	1,59	0,98	0,596	0,275	0,130	0,062
5,0	4,57	4,56	4,38	4,11	3,70	3,17	2,59	1,66	1,04	0,650	6,309	0,144	0,069

5. Praktische Brauchbarkeit der Leipziger Aufnahmen.

Um die verschiedenen Aufnahmen eines kugelförmigen Sternhaufens untereinander vergleichen zu können, muß notwendig ein überall gleicher Zentralpunkt als Mittelpunkt gewählt werden. Bei der linearen Kleinheit meiner Aufnahmen war ein visuelles Abschätzen dieses Nullpunktes sehr ungenau, so daß ich zur Normierung einen anderen Weg einschlug.

Ich habe die Platten so auf den Plattenteller des HARTMANNschen Mikrophotometers gelegt, daß sich zwei Führungssterne durch Drehen nur der seitlich am Photometer befindlichen Schraube in die Mitte des Fadenkreuzes bringen ließen. Die vordere Schraube ermöglichte dann die Bewegung senkrecht zur ersten Richtung; weiterhin liegt die Platte so, daß bei positiver Schraubung die Bewegungsrichtungen der Platte im Gesichtsfeld des Photometers den Richtungen des Normalkoordinatensystems (X, Y) annähernd gleich sind. Die Führungssterne sind in der Bezeichnung KÜSTNERS bzw. HOPMANNS

bei M 5: 186 ($-130{,}''11, -120{,}''82$) und 33 ($-430{,}''13, -104{,}''02$),
bei M 15: 1118 ($+403{,}''42, -221{,}''48$) und 32 ($-325{,}''58, +93{,}''81$),
bei M 92: 1206 ($+360{,}''33, +37{,}''56$) und 10 ($-603{,}''53, +6{,}''92$).

Aus sämtlichen Platten ergab sich dann im Mittel die Relation: 1 Schraubenrevolution (für beide Schr.) = 0,5 mm = $128{,}''92 \pm 0{,}''03$ m. F., und für die Größe des rechteckigen Ausschnittes im Photometerwürfel $9'' \times 11''$. Da Fadenkreuz- und Meßfeldmitte in den beiden Stellungen des Photometerwürfels (Keil oder Fadenkreuz) nicht genau den gleichen „Punkt" bedecken, mußte schließlich im ausphotometrierbaren Gebiete des Haufens von jeder Ablesung der seitlichen Schraube $0{,}^R031$ subtrahiert, zu jener der vorderen $0{,}^R026$ addiert werden, nicht aber von den Revolutionen der Leitsterne. Damit ließ sich endlich jede Schwärzung als Funktion des Ortes nach orthogonaler Transformation, auf den Nullpunkt der Positionskataloge bezogen, angeben.

Verteilung des Lichtes in den kugelförmigen Sternhaufen M 5 usw.   17

Die Durchphotometrierung geschah in Streifen von je $0^R\!\!,\!10$ Abstand und $0^R\!\!,\!05$ Zwischenraum; die Schwärzungszahlen in mm Keil wurden nach Rechnung der Koordinaten der beiden äußeren Punkte eines jeden Streifens auf Millimeterpapier aufgetragen (1 Längeneinheit = 1 E = $10''$ = 1 cm). Anschließend wurde aus durchschnittlich vier einmal gemessenen Schwärzungen die mittlere Schwärzung für die Mitte jedes cm^2, auf das durchschnittlich 1,2 Meßpunkte fallen, gebildet. Die Radien der ausgemessenen kreisförmigen Flächen sind in Tabelle 1, letzte Spalte, angegeben.

Bei extrafokalen Aufnahmen, also bei gleichem Durchmesser aller Sternscheibchen, ist der Reduktionsweg dem Sinne nach folgender: Für jeden Vergleichsstern bildet man den Quotienten Intensität des Sternes : Fläche des Sternscheibchens, d. h. das Licht pro Flächeneinheit oder die Helligkeitsdichte. Mit der Schwärzungskurve läßt sich dann sofort für jede Flächeneinheit das hineinfallende Licht bestimmen, so daß sowohl der Gang der Helligkeitsdichte mit dem Ort leicht darzustellen ist, als auch das Integral der Helligkeitsdichte über die Gesamtfläche, das Gesamtlicht, anzugeben ist.

Diese Methode auf die Leipziger fokalen Aufnahmen anzuwenden, ist schon von vornherein fraglich, da der Gang der Sternbilddurchmesser mit der Belichtungszeit und mit der Helligkeit sehr ausgeprägt ist. Zur Entscheidung habe ich die Schwärzungen der den beiden Achsen benachbarten Streifen des Haufens, im ganzen also acht Halbstreifen, einfach mit der bekannten Schwärzungskurve in Größenklassen verwandelt. In Tabelle 12 sind die Mittel aus den je acht Zahlen (im Zentrum nur vier) pro Entfernung (ϱ) für die einzelnen Platten (Pl) der drei Haufen aufgestellt.

Die Zahlen jeder Spalte sagen für jeden Haufen das gleiche aus: Die Änderung der Größen mit der Entfernung vom Zentrum eines jeden Haufens ist reihenweise konstant, sofern man vom Innern der drei längstbelichteten Platten K 59, K 47 und K 46 (eingeklammerte Größen) absieht. Würden nun an Stelle der Größenangaben die vorhin definierten Helligkeitsdichten eingetragen, so ergäbe sich eben wegen des markanten doppelten Ganges der Durchmesser mit Belichtungszeit und Größe eine nur mit Gewalt zu beseitigende Inhomogenität des Beobachtungsmaterials; ganz abgesehen davon, wie schwer und wenig genau die Durchmesser der Sternbilder gemessen werden können. Damit scheidet erstens die Möglichkeit aus, die Integralhelligkeit jedes Kugelhaufens selbständig zu bestimmen, und zweitens muß für die gesamte Reduktion überhaupt eine andere Arbeitshypothese gesucht werden.

Wie schon HECKMANN und SIEDENTOPF (21) forderten, ist „maßgebend für die Schwärzung an einer Stelle der Platte die pro Flächenelement auffallende Intensität, gleichgültig, ob sie herrührt von einem Stern der Größe m oder $2,5^n$ Sternen der Größe $m + n$. Es muß sich also bei jeder Belichtungszeit das gleiche Gesetz der Helligkeitsdichte ergeben". Dieser Satz gilt gewiß bei genügend extrafokalen Aufnahmen. Da sich bei den Leipziger Aufnahmen, bis auf die Zentren der Zweistundenaufnahmen und gewisse, später noch zu erörternde Verschiedenheiten des Nullpunktes der Größen, in jedem Haufen der gleiche Helligkeitsverlauf ergibt, so muß damit die gesuchte Reduktionsmöglichkeit gegeben sein. Übersteigt die auf die Flächeneinheit fallende Lichtmenge, als Produkt mit der Zeit aufgefaßt, eine gewisse Grenze, so werden durch die sekundäre Wirkung des gestreuten Lichtes in der Plattenschicht benachbarte Flächeneinheiten zusätzlich geschwärzt, so daß dadurch der plötzliche Helligkeitsanstieg der drei längstbelichteten Platten im Zentrum zu erklären ist (eingeklammerte Größen in Tabelle 12). Bei geringerer Lichtmenge bleibt dieser Effekt offenbar unterhalb der Meßgenauigkeit und beeinflußt damit den Helligkeitsverlauf nicht.

Ich habe nunmehr, ohne Beachtung von K 59, K 47 und K 46 die zu jedem ϱ gehörigen Einzelwerte gemittelt (letzte Spalte Tabelle 12) und die Abweichungen λ = Mittel — Platte bei halbem Gewicht der Größen für $\varrho = 0{,}^E7$ und $\varrho = 1{,}^E6$ — da die Partien des Kernes nur einen geringen

Tabelle 12.
M 5.

ϱ	Pl K 56	λ $0{,}^m01$	K 57	λ $0{,}^m01$	K 59	λ $0{,}^m01$	K 60	λ $0{,}^m01$	K 65	λ $0{,}^m01$	Mittel	
$0{,}^E7$	$11{,}^m22$	—28	$11{,}^m08$	—14	$(10{,}^m78)$		$10{,}^m62$	+32	$10{,}^m85$	+09	$10{,}^m94$	
1, 6	11, 35	28	11, 21	14	(10, 98)		10, 77	30	10, 96	11	11, 07	
2, 5	11, 63	27	11, 52	16	(11, 30)		11, 07	29	11, 24	12	11, 36	
3, 5	11, 85	21	11, 79	15	(11, 65)		11, 40	24	11, 50	14	11, 64	
4, 5	12, 04	20	11, 94	10	(11, 96)		11, 66	18	11, 70	14	11, 84	g_1
5, 5	12, 33	23	12, 22	12	12, 30	+03	11, 88	22	11, 98	12	12, 10	
6, 5	12, 61	22	12, 44	05	12, 62	—01	12, 22	17	12, 28	11	12, 39	
7, 5	12, 81	—21	12, 68	—08	12, 80	+01	12, 40	+20	12, 51	+09	12, 60	g_2
8, 5	13, 03		12, 92		13, 07	—04	12, 76					
9, 5	13, 32		13, 19		13, 33	—01	12, 97					
10, 5	13, 62				13, 58	+04	13, 21					
11, 5	13, 66				13, 67	—01	13, 31					
12, 5	13, 84				13, 81	+03						
13, 5	14, 04				13, 96	+08						
14, 5	14, 33				14, 28	+05						
λ		—23		—11		+02 / —21		+23		+12		

Verteilung des Lichtes in den kugelförmigen Sternhaufen M 5 usw.

M 15.

ϱ \ Pl	K 14	$\lambda \atop 0{,}^m01$	K 16	$\lambda \atop 0{,}^m01$	K 47	$\lambda \atop 0{,}^m01$	K 48	$\lambda \atop 0{,}^m01$	K 49	$\lambda \atop 0{,}^m01$	Mittel	
$0{,}^E7$	10^m11	+17	10^m34	−06	—		10^m31	−03	10^m38	−10	10^m28	
1, 6	10, 53	12	10, 71	06	—		10, 63	+02	10, 73	08	10, 65	
2, 5	10, 93	12	11, 15	10	—		11, 02	03	11, 11	06	11, 05	
3, 5	11, 36	14	11, 62	12	—		11, 46	04	11, 56	06	11, 50	
4, 5	11, 84	12	12, 04	08	$(10{,}^m87)$		11, 91	05	12, 07	11	11, 96	
5, 5	12, 24	14	12, 44	06	(12, 20)		12, 36	02	12, 47	09	12, 38	g_1
6, 5	12, 56	11	12, 75	08	12, 64	+13	12, 62	05	12, 77	10	12, 67	
7, 5	12, 87	+14	13, 10	−09	12, 97	10	12, 99	+02	13, 07	−06	13, 01	g_2
8, 5			13, 24		13, 20	05	13, 13		13, 25			
9, 5					13, 55	05			13, 60			
10, 5					13, 76	+10			13, 86			
$\overline{\lambda}$		+13		−08		+09 / +01		+03		−08		

M 92.

ϱ \ Pl	K 45	$\lambda \atop 0{,}^m01$	K 46	$\lambda \atop 0{,}^m01$	K 48	$\lambda \atop 0{,}^m01$	K 49	$\lambda \atop 0{,}^m01$	Mittel	
$0{,}^m7$	10^m55	+05	—		10^m61	−01	10^m64	−04	10^m60	
1, 6	10, 80	02	—		10, 79	+03	10, 88	06	10, 82	
2, 5	11, 13	05	$(10{,}^m41)$		11, 16	02	11, 25	07	11, 18	
3, 5	11, 53	05	(11, 11)		11, 56	02	11, 64	06	11, 58	
4, 5	11, 87	05	(11, 69)		11, 91	01	11, 98	06	11, 92	
5, 5	12, 14	04	(12, 06)		12, 14	04	12, 26	08	12, 18	g_1
6, 5	12, 55	+06	12, 61	−05	12, 58	+03	12, 70	−09	12, 61	g_2
7, 5	12, 79		12, 90	11			12, 95			
8, 5	13, 10		13, 17	07			13, 25			
9, 5	13, 48		13, 49	01			13, 57			
10, 5	13, 66		13, 76	−10						
$\overline{\lambda}$		+05		−07 / −02		+02		−07		

Teil des Gesamtgebietes ausmachen — gemittelt $(\overline{\lambda})$. Das Extremum der Amplitude der $\overline{\lambda}$ beträgt nur in einem Falle (K 60) auf 1,8 Größenklassen $0{,}^m15$, so daß mit jedem $\overline{\lambda}$ unbedenklich die Reduktion zum Mittel hin für jede Platte durchgeführt werden kann. Die Mittel konnten selbstverständlich nur bis zum Grenzradius g_2 der am wenigsten weit ausgemessenen Platte gerechnet werden. Die drei übrigen Platten, K 59, K 47 und K 46, wurden vom Radius g_1 ab auf K 56, K 49 und K 45 reduziert und damit normiert. Die $\overline{\lambda}$ sind am Fuße der Tabellen 12 angeführt. In den Reihen $\overline{\lambda}$ gelten die beiden Zahlen in den Spalten der längstbelichteten Platten der Reduktion zur Anschlußplatte (obere Zahl) und damit der Reduktion zum Mittel (untere Zahl).

Zur Erklärung des Nullpunktfehlers könnte man eventuell an den Eberhard-Effekt denken und überhaupt bei der Diskussion eines umfangreicheren Materials interessante Einzelheiten, die neben der photographischen Platte noch den Entwicklungsprozeß betreffen, kennenlernen. Im Rahmen dieser Arbeit darf die Bedeutung einer solchen Erklärung keinesfalls überschätzt werden, da es schließlich immer notwendig ist, solche Nullpunktfehler von Fall zu Fall zu diskutieren und durch Anwendung passender Ergebnisse von anderer Seite zu beheben. Es sei hier nur kurz festgestellt, daß die $\bar{\lambda}$ einen recht auffälligen Gang mit der Belichtungszeit besitzen.

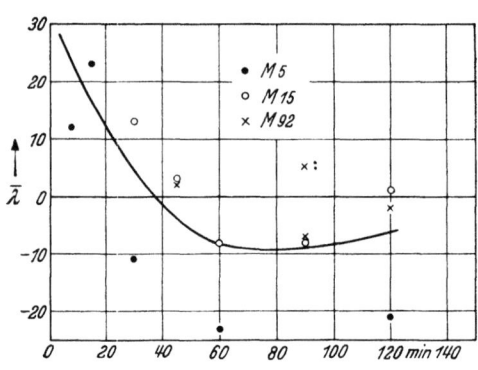

Abb. 4. Die Abweichungen $\bar{\lambda}$ als Funktion der Belichtungszeit.

Dies ist in Abb. 4 dargestellt (Abszisse: Belichtungszeit; Ordinate: $\bar{\lambda}$ in $0^m{,}01$). Wenn eine mittlere Kurve durch diese Punkte zu ziehen auch nicht berechtigt ist, da die Intervalle der Belichtungszeiten von Haufen zu Haufen stark variieren und damit die $\bar{\lambda}$ beeinflussen, gibt eine solche doch den Charakter der Abweichungen sehr gut wieder. Der Abfall von $\bar{\lambda}$ mit wachsender Belichtungszeit von Null ab kehrt sich bei etwa 75 Minuten um und geht in einem langsamen Anstieg zur Abszisse über. Für die bei sehr mäßiger Luft aufgenommene Platte K 45 habe ich eine Äquivalentbelichtungszeit von 90 Minuten angesetzt.

Unter Berücksichtigung der Korrektionen lassen sich nun bei der willkürlichen Annahme, daß die Intensitätseinheit das Licht eines Sternes $14^m{,}0$ ist, die Schwärzungen in diesen relativen Intensitäten ausdrücken. Die Tafeln 1A, 2A und 3A, deren Angaben nur mit $1 : \bar{\gamma} = 1 : 0{,}278$ multipliziert werden brauchen, geben für jeden Haufen die Intensitäten im Mittel aus den einzelnen Platten an.

Zur Darlegung des Faktors $\bar{\gamma}$ sei an die letzte Entwicklung im vorigen Abschnitt, Gleichung (9), angeknüpft. Das Licht L' kann als Bruchteil $\dfrac{R'^2}{r^2} \cdot I$ der Intensität I eines Sternes geschrieben werden, falls Stern und Bereich $\pi \cdot R'^2$ gleiche Helligkeitsdichte besitzen, die photographische Platte also gleich stark schwärzen. Aus zahlenmäßigen Angaben in einer Arbeit von Vyssotsky und Williams (22) läßt sich L' ableiten. Denn aus einem R' von 0,065 mm und den Angaben (Table 1) für r und I folgen die in der vierten Spalte angegebenen L'_V für jeden der drei Haufen, wobei wie vorhin die Intensitätseinheit der Stern $14^m_{.}0$ ausstrahlt.

Objekt	r	I	L'_V	L'_L	γ
M 5	0,18 mm	$7^m_{.}04$	316	1107	0,285
M 15	0,16	7 ,32 :	310	1104	0,281
M 92	0,23	7 ,15	176	659	0,267

Die Funktion $\lambda(\varrho)$ habe ich wieder planimetrisch mit einer die wahren Verhältnisse vergrößert wiedergebenden Zeichnung aufgestellt und schließlich unter Benutzung des nicht nur aus den Streifen, sondern dem Gesamtmaterial von mir abgeleiteten relativen Helligkeitsverlaufes $f(\varrho)$[1]) die

$$L'_L = 2\pi \int_0^{R'+r} \varrho\, f(\varrho)\, \lambda(\varrho)\, d\varrho$$

gerechnet. Eine sich bei M 15 und M 92 notwendig machende Extrapolation der $\varrho \cdot f(\varrho) \cdot \lambda(\varrho)$ ist vollkommen gesichert, da bei $R' + r$ das $\lambda(\varrho)$, und mit ihm $\varrho \cdot f(\varrho) \cdot \lambda(\varrho)$, verschwindet. Der Faktor γ, mit dem ich dann meine relativen Intensitäten zur Reduktion zu multiplizieren brauche bzw. durch $1/\gamma$ zu dividieren habe, ist in der letzten Spalte angegeben; sein Mittel $\bar\gamma = 0{,}278$ besitzt einen formalen mittleren Fehler von 5,5 Einheiten der letzten Dezimale, also 2,0% entsprechend.

6. Die Verteilung des Lichtes in der Projektion.

Es ist, abgesehen von zufälligen Fehlern, nur innerhalb bestimmter Grenzen zu erwarten, daß die für jeden Haufen gefundenen Reduktionskonstanten γ übereinstimmen. Denn gesetzt, bei M 5 hätte ich nur die drei Platten K 56, K 57 und K 59 oder K 59, K 60 und K 65 aufgenommen, so würde sich dadurch ein merklich anderes γ ergeben. Die verhältnismäßig sehr gute innere Übereinstimmung der γ zeigt jedoch, daß Auswahleffekte der genannten Art nur in sehr geringem Maße vorhanden sind. Ich habe deshalb der endgültigen Reduktion für jeden Haufen $\bar\gamma = 0{,}278$ zugrunde gelegt. Die Ergebnisse enthalten die Tafeln 1 A, 2 A und 3 A. Jede Zahl

---

[1]) Die geringe Vernachlässigung im Zentrum durch Gleichsetzen von $f(r, \varrho) = f(0, \varrho)$ bei kleinem r ist dem Gesamtlicht L' gegenüber völlig belanglos und wird außerdem anderweitig kompensiert.

in ihnen gibt in 10^{-2} Einheiten die auf die zugehörige Flächeneinheit ($10'' \times 10''$) entfallende Lichtmenge, d. h. die mittlere Helligkeitsdichte über die Flächeneinheit an.

Wie nun aus dem letzten Satze des vorigen Abschnitts hervorgeht, hat $1 : \overline{\gamma}$ den Charakter einer Fläche. Es ist $1 : \overline{\gamma}$ nämlich die Fläche, durch die meine ursprünglichen relativen Intensitäten, also das Licht über $1 : \overline{\gamma}$ Flächeneinheiten, dividiert, die wahren Helligkeitsdichten, also das Licht

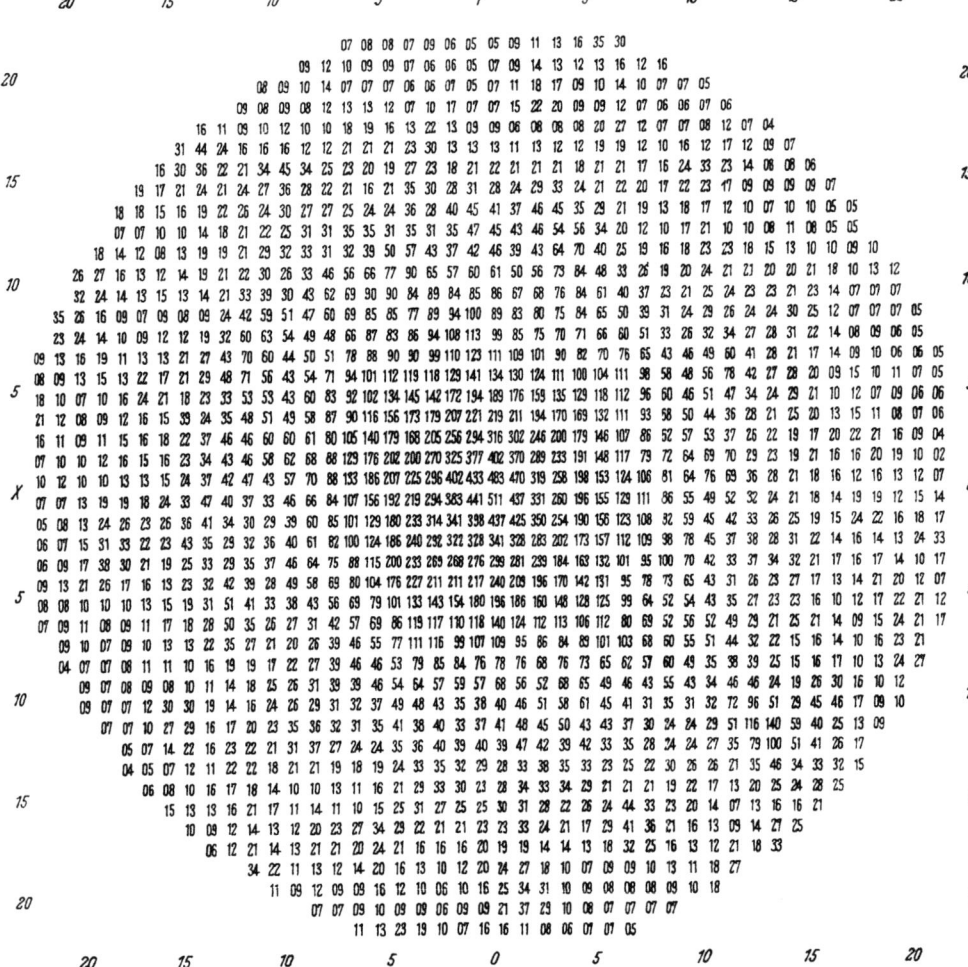

Zahlentafel 1A. Die Verteilung des Lichtes sämtlicher Sterne im kugelförmigen Sternhaufen M5. In den Zahlentafeln 1A bis 3B entspricht die Intensität 100 dem Licht eines Sternes $14\overset{m}{,}0$, ausgebreitet auf die Flächeneinheit $E \times E = 10'' \times 10''$.

Verteilung des Lichtes in den kugelförmigen Sternhaufen M 5 usw. 23

pro Flächeneinheit, ergeben. Dadurch gehen z. B. die direkt aus den Schwärzungskurven gewonnenen Werte für die Größen im Zentrum der Haufen naturgemäß um $+1^{m}\!,\!39$ von

$10^{m}\!,\!89$ bei M 5 auf $12^{m}\!,\!28$,

10,18 bei M 15 auf 11,57,

10,46 bei M 92 auf 11,85

```
              20        15        10         5         V         5        10        15        20
                                        01 01 00 00 03 00 00 00 02 04 05 05 34 24
   20                             06 05 05 06 00 00 00 00 00 04 06 04 00 05 22 22 10 05                          20
                            06 00 02 01 02 03 00 00 00 00 00 02 15 20 10 00 00 03 04 00 00 00
                            08 06 00 00 02 05 01 00 00 00 00 00 00 10 22 10 00 06 05 00 00 00 00 00
                         09 03 01 01 00 00 01 08 13 10 15 10 01 00 00 00 00 00 01 13 13 03 00 00 00 03 00 00
                      20 23 08 10 14 02 02 00 10 15 16 28 24 04 05 04 00 00 03 15 18 03 02 04 04 12 09 00 00
                   14 30 22 04 13 28 27 17 07 13 04 00 19 17 00 10 12 05 07 09 06 09 11 00 04 11 16 18 05 00 00 00
   15             11 14 17 07 05 06 18 27 16 11 07 00 00 05 05 11 22 04 07 24 14 02 07 10 03 09 19 18 06 00 03 04 00 00          15
                  07 02 02 01 03 09 10 11 05 09 20 09 00 06 05 00 00 16 45 29 15 30 30 21 09 07 00 03 06 03 00 00 04 06 02 00 02
                  00 00 00 00 00 01 06 12 15 10 12 12 02 05 00 13 38 31 20 16 33 04 38 00 00 00 05 01 00 00 03 00 00 00 01
                  07 00 02 00 05 00 00 12 22 12 03 02 06 20 14 00 13 13 02 09 20 34 34 05 03 00 00 05 13 11 04 02 05 07 07 01 08
               19 11 01 11 07 05 11 08 00 02 07 19 14 34 49 63 66 29 20 38 36 08 25 46 41 24 14 06 04 01 13 13 09 11 08 10 09 03 12 09
   10          17 07 07 02 07 05 00 05 00 05 10 10 05 21 24 53 60 57 64 45 39 60 43 25 40 41 48 34 20 18 06 05 14 12 00 03 18 18 03 00 00    10
               27 20 00 00 00 00 00 05 45 46 17 17 13 23 40 39 29 38 48 34 23 23 39 30 48 32 21 19 23 06 11 06 00 03 21 21 02 00 00 00 01
               25 18 02 00 00 00 00 16 59 44 19 13 10 33 37 40 31 28 58 48 22 18 00 10 24 18 16 13 03 00 02 13 13 10 13 08 00 00 00 00 04
            00 05 11 04 00 00 00 01 06 15 35 50 20 05 03 07 36 34 18 13 16 56 48 27 29 35 19 16 29 29 12 07 10 29 41 20 09 07 02 00 00 00 02 03
    5       00 00 04 07 05 05 03 02 11 21 31 26 11 02 25 33 46 58 33 30 44 49 50 41 47 59 46 49 54 80 57 04 21 29 43 25 09 23 14 00 05 04 00 01    5
            03 05 05 08 12 03 02 04 03 11 05 38 52 44 44 76 75 77 80 62 78 69 50 48 56 71 56 09 14 13 15 11 05 18 13 03 07 05 00 00 09
            17 09 00 00 04 08 01 04 00 00 16 24 08 16 48 28 30 100 107 65 75 79 82 115 96 71 77 54 41 33 29 15 17 09 05 01 00 00 00 00 00 07
            02 00 00 00 03 00 04 07 09 07 16 40 19 05 10 19 49 125 87 44 66 115 140 122 100 90 85 71 45 21 22 14 10 13 03 00 02 05 07 12 15 05 00 00
            05 07 00 03 05 01 00 02 06 11 06 25 37 14 20 53 108 139 115 119 189 241 201 107 112 117 66 50 26 21 37 48 44 10 00 04 07 06 15 15 07 00 00
            03 03 00 00 00 00 00 00 03 06 12 18 12 23 32 26 68 138 158 119 192 248 276 321 257 168 134 112 56 58 45 40 36 50 45 09 03 01 05 05 12 02 03 01
    X       00 00 07 14 09 03 02 19 27 19 10 01 05 23 32 93 104 167 127 206 243 213 204 212 181 136 87 43 45 51 29 09 04 14 08 04 02 05 07 05 04 03 07 06      0
            00 00 00 22 16 01 13 24 19 14 09 01 00 19 45 37 43 93 160 192 173 192 235 239 163 124 59 47 23 33 17 14 08 06 12 03 00 17 07 10 08 04 06 18
            00 00 00 02 25 29 07 14 17 04 04 05 04 22 50 51 40 82 137 145 157 198 228 191 105 103 70 63 51 44 68 62 16 10 13 19 15 08 00 05 04 03 07 19
            00 00 16 35 25 08 04 13 14 11 07 10 30 24 23 26 30 148 204 179 181 163 132 112 101 65 58 68 19 41 79 62 03 00 13 17 25 11 03 00 00 02 03 03
            00 03 17 18 06 03 00 06 29 24 11 13 26 29 32 22 30 154 185 142 120 124 159 119 96 68 70 70 28 15 36 35 06 01 06 06 03 05 05 01 07 03 00 00
    5       04 02 04 03 04 03 00 01 16 39 28 09 03 15 19 15 25 43 41 42 49 90 127 93 85 70 54 63 43 10 12 18 21 12 04 05 05 00 04 12 15 09 05       5
            06 08 06 03 03 02 02 10 38 25 00 03 00 03 03 04 15 35 81 38 56 34 56 37 42 38 22 66 55 17 10 20 16 19 06 02 12 10 00 05 12 05 05
            01 01 00 00 01 04 02 03 13 02 00 00 09 16 19 08 41 84 48 38 46 41 14 17 41 63 50 24 29 15 09 15 05 03 05 00 00 00 17 15
            00 00 00 00 00 00 00 00 02 04 05 02 22 24 10 06 16 39 33 16 20 17 20 22 31 28 22 32 43 32 15 16 13 00 08 13 00 03 20 20
            00 00 00 00 00 05 00 00 00 05 17 16 06 18 17 12 23 19 27 17 12 24 22 33 11 15 09 20 13 18 28 36 16 00 21 26 04 00 04
    10                  00 00 00 00 14 30 24 00 01 04 11 16 13 09 15 04 13 14 16 19 21 26 12 18 00 07 12 14 36 123 126 25 26 18 00 00                 10
                        00 00 05 10 09 21 11 02 16 25 14 07 09 10 20 29 19 16 16 16 20 18 24 16 12 13 19 26 112 134 43 28 17 04
                        00 00 00 00 13 32 11 00 06 12 03 05 00 00 14 21 17 08 00 02 18 23 16 07 10 16 18 08 12 17 10 20 09 07
                        00 02 06 12 16 10 06 00 00 00 00 00 00 12 04 08 07 10 11 05 00 00 03 04 18 09 09 00 03 10 07 19 30
                        05 10 05 08 13 08 01 02 01 00 05 13 22 11 12 09 20 03 05 13 11 02 01 00 06 02 07 06
                        00 00 00 00 08 15 17 13 24 17 02 07 14 10 08 17 12 09 00 29 35 16 10 08 04 02 02 13 12
    15                  00 07 16 07 06 20 17 18 31 17 02 04 06 05 02 10 02 02 06 12 00 00 03 03 06 36             15
                        26 11 01 08 08 04 06 00 00 00 07 12 10 09 06 00 00 00 00 00 00 00 10 24
                           05 00 06 04 00 00 00 00 00 00 06 11 31 27 02 00 00 00 00 07
    20                        00 00 02 07 04 00 00 03 00 03 28 23 02 00 00 00 00                                  20
                              05 07 08 04 06 10 08 00 00 00 00 00 00
              20        15        10         5         0         5        10        15        20        E
```

Zahlentafel 1B. Die Verteilung des Lichtes der hellen Sterne im kugelförmigen Sternhaufen M 5.

herauf. Man bestätigt das sofort aus den Werten der ersten Reihe der Tabelle 13, wobei die Intensitätseinheit nach wie vor ein Stern $14^m_{.}0$ besitzt. Der Radius der fingierten Sternscheibchen ist schließlich durch

$$\sqrt{\frac{1}{\pi \cdot 0{,}278}} = 1^E_{.}07 \text{ gegeben.}$$

```
           15        10         5         Y         5         10        15

                              05 06 07 06 09 04 06 09 10 12
                           07 04 09 09 12 10 10 09 06 14 32 28 09 06
                        12 11 12 16 19 12 11 11 13 13 16 21 37 19 10 11 11 14
  15                    13 12 09 14 23 20 15 12 17 16 13 13 14 17 27 13 10 12 13 12 04                       15
                     05 08 13 09 12 12 13 17 16 17 20 22 18 14 14 09 12 11 09 06 12 10 07 09
                     04 02 08 12 17 15 13 12 15 17 22 28 27 25 22 18 14 17 12 12 10 11 17 09 29 06
                     06 06 03 06 15 17 15 12 13 15 18 26 22 30 36 30 32 38 27 17 15 12 14 15 12 38 04 04
                     09 09 04 10 25 20 17 16 19 32 28 29 35 41 32 30 33 49 36 21 16 14 12 12 13 06 08
  10                 06 10 06 04 14 20 24 24 23 31 32 33 39 38 43 48 37 31 46 63 39 24 20 16 12 27 26 10 06 07   10
                     05 05 09 13 12 13 28 29 20 32 59 49 43 57 64 57 54 48 44 58 56 40 30 21 17 15 18 13 05 06
                     04 09 18 20 14 25 35 40 28 32 63 60 66 76 78 70 66 58 64 67 67 47 39 41 28 20 13 14 16 12 07 06
                  09 10 14 19 16 13 28 49 54 42 36 59 67 81 96 105 96 93 77 74 79 81 69 56 57 55 28 14 17 23 15 07 04 05
                  11 10 11 17 21 13 25 42 48 56 63 61 72 111 135 143 141 123 110 103 86 85 70 71 71 63 40 30 24 17 10 04 04 04
                  12 10 16 20 16 15 20 35 44 64 75 77 94 125 157 167 162 209 184 116 118 94 71 77 71 60 46 32 19 14 09 07 06 06
   5              11 10 09 12 17 17 25 39 52 69 88 101 106 135 160 225 265 293 286 207 158 113 79 72 73 56 37 32 24 18 11 09 11 06 03   5
                  09 09 08 10 17 15 12 26 38 50 66 86 102 123 162 207 308 432 461 394 289 215 154 108 75 63 55 36 32 25 22 12 11 09 07 03
                  14 09 06 07 15 20 25 31 40 73 91 104 141 200 289 488 614 672 540 380 252 176 124 90 70 52 33 30 27 12 08 08 09 09
                  12 10 06 10 15 17 21 31 43 54 69 96 110 151 229 360 545 817 896 638 428 280 168 111 94 65 46 32 25 19 13 12 10 11 09
   X              12 09 11 14 18 25 21 28 39 58 55 75 93 147 240 353 525 840 853 649 433 289 165 108 80 67 60 37 30 21 12 12 12 10 12   0
                  09 09 16 15 17 28 16 17 32 46 56 69 93 138 219 322 445 520 666 520 398 256 162 109 90 86 61 43 31 27 17 16 08 09 11 03
                  05 07 14 13 18 26 14 14 20 46 65 79 109 165 244 334 406 441 380 292 225 154 109 97 64 54 40 30 23 22 20 11 12 11 05
                  05 07 08 12 16 17 17 20 31 36 46 55 70 94 135 219 296 299 328 261 225 154 114 91 85 74 47 29 28 20 22 29 18 13 11 05
                  05 06 07 12 14 22 27 15 20 28 35 52 72 93 124 172 223 231 242 207 163 140 102 77 80 57 37 28 30 16 20 24 20 13 07 02
                     06 06 10 12 17 13 13 20 30 42 59 78 104 114 122 135 167 173 155 139 97 91 82 70 62 40 29 27 24 18 12 10 09
                     07 06 11 11 12 13 24 30 31 36 47 63 81 90 86 95 104 131 120 102 76 57 59 53 42 32 28 22 29 25 19 17 14 14 11
   5                    14 09 04 06 12 20 20 30 32 43 51 61 66 69 90 87 95 79 57 45 42 46 45 29 25 29 23 68 46 12 12                       5
                     05 03 05 10 08 07 25 29 25 35 42 44 57 73 81 70 61 62 47 27 29 31 26 26 19 17 41 30 11 11
                     06 07 10 07 11 17 21 20 17 17 28 36 42 52 52 53 41 40 23 25 30 24 17 16 17 12 16 11 08
                        18 11 08 09 06 13 16 12 12 18 27 33 36 43 51 45 30 22 26 21 22 20 16 16 15 16 12 13
  10                    14 12 11 08 06 07 11 13 16 12 16 16 18 17 27 27 40 36 25 16 12 17 18 21 14 13 16 19 10                            10
                        08 06 06 08 08 07 09 11 11 13 16 20 17 20 16 15 17 12 06 10 15 17 14 15 08 15
                        04 07 13 11 11 06 11 12 20 19 17 13 15 13 14 11 09 11 12 12 05 09 07
                           08 12 11 09 09 07 09 20 23 18 13 13 12 10 12 12 08 10
  15                             12 06 08 12 08 12 11 10 09 10 06 11 07 07 11 12 06                                                      15
                                 09 09 07 10 11 11 06 06 07 08 11 05 06 06
                                       04 05 10 09 05 05 07 07 08 05

           15        10         5         0         5         10        15     E
```

Zahlentafel 2 A. Die Verteilung des Lichtes sämtlicher Sterne im kugelförmigen Sternhaufen M 15.

Tabelle 13 enthält die mittleren Helligkeitsdichten $F_L(\varrho)$ als Funktion des Abstandes ϱ vom Haufenmittelpunkt; die letzten Zeilen darin geben das Gesamtlicht L (die Summe der Zahlen jeder einzelnen Tafel) und nach $2{,}5 \cdot \log L = 14{,}0 - m$ die zugehörige Größe m_L an. Die systematischen Abweichungen dieser Größen um durchschnittlich $0^m_{.}15$ von den entsprechenden Angaben bei Vyssotsky und Williams rühren daher, daß Vyssotsky und Williams als Haufengrenze einen größeren Radius als ich gewählt haben, und demzufolge eine nur wenig größere Gesamthelligkeit

Verteilung des Lichtes in den kugelförmigen Sternhaufen M 5 usw. 25

erhalten. Bei M 92 ist das Feld $(-{}^1/_2; -{}^1/_2)$ von nun ab in der weiteren Diskussion als Zentrum angenommen.

Um die gesuchte Aussage über das Licht der schwachen Sterne zu erhalten, müssen die Helligkeiten der in den Katalogen (13) (14) (15) angeführten hellen Sterne von der erhaltenen Verteilung des Gesamtlichtes

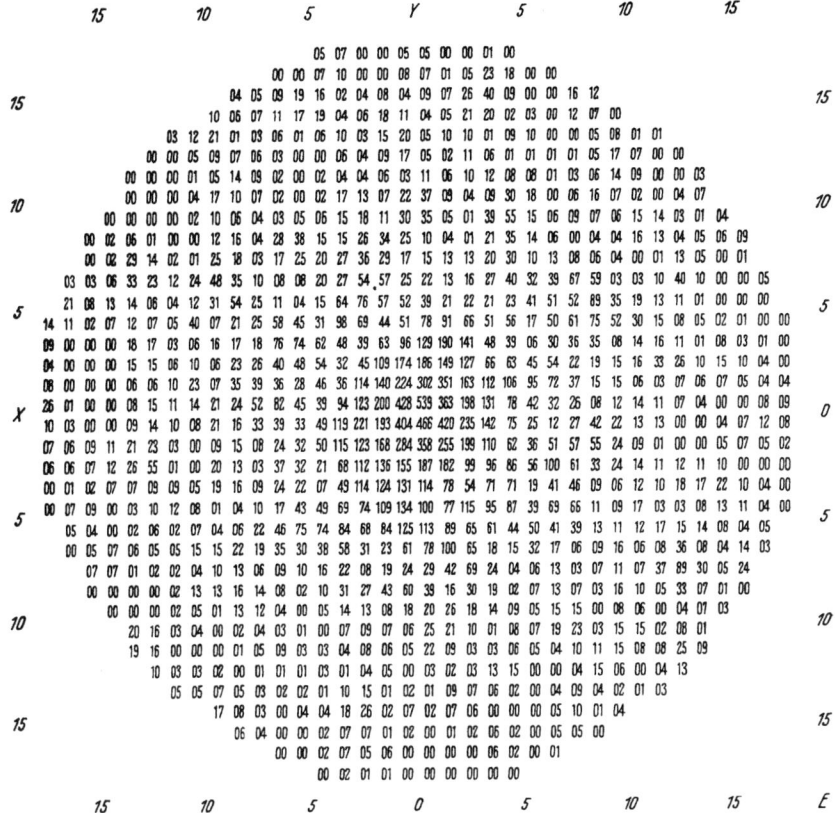

Zahlentafel 2 B. Die Verteilung des Lichtes der hellen Sterne im kugelförmigen Sternhaufen M 15.

in der Projektion subtrahiert werden. Ich habe dazu unter Anbringung der in Abb. 1 dargestellten systematischen Abweichungen vom I. S. bei einem Sternbildradius von 1^E07 das Licht jedes einzelnen Sternes proportional dem Flächenanteil des Scheibchens auf die einzelnen benachbarten Flächeneinheiten verteilt. Oft benutzte ich zu dieser Aufteilung eine kleine Pappkreisscheibe von 1,1 cm Radius als Sternmodell. Außerdem umging ich durch dieses Verfahren die S. 11 angezeigten Schwierigkeiten, denn ein Heraufreduzieren zur $f(\varrho)$-Verteilung ist nicht möglich gewesen. Die

Verteilung des Lichtes der Katalogsterne innerhalb des photometrierten Bereiches ist in den Tafeln 1B, 2B und 3B dargestellt; die Abhängigkeit der mittleren Helligkeitsdichte $F_K(\varrho)$ enthält Tabelle 14.

Die Werte innerhalb $\varrho = 3{,}0$ konnten bei M 15 nicht abgeleitet werden, da KÜSTNER wegen Auflösungsschwierigkeiten den innersten Kern nicht

```
              15        10         5         Y         5         10        15
                                  34 22 16 14 05 05 02
                              17 08 07 08 19 20 21 15 08 08 12 10 05
    15                     20 15 17 16 13 17 22 34 24 20 15 14 15 12 08 11 12                      15
                        22 18 12 14 19 20 23 22 29 26 23 22 20 12 07 16 24 19 07
                     11 12 13 15 13 12 19 21 23 20 24 38 35 37 34 26 25 20 14 19 15 06 05
                  06 05 13 12 12 15 17 20 22 31 32 28 31 28 32 25 25 26 21 16 16 12 09 05 06
                  09 11 13 21 20 21 26 33 42 35 37 37 32 32 29 38 29 25 18 22 20 16 17 16 10 06 05
    10            13 15 14 23 25 31 31 41 45 38 34 42 45 51 52 47 38 35 31 24 26 19 25 19 17 09 07   10
                  12 15 18 27 27 28 37 31 39 50 40 38 56 67 84 58 66 45 37 34 35 38 27 21 20 16 22 31
                  18 14 16 25 34 27 31 37 35 51 54 49 53 66 71 95 78 71 50 54 45 46 40 27 27 21 13 13 26 40 19
                  19 20 20 20 22 31 39 32 40 66 64 66 78 75 78 86 85 84 76 65 54 44 40 36 28 19 11 12 22 35 13
     5         06 12 13 19 20 20 23 32 37 46 71 74 80 108 100 114 123 117 125 117 88 70 60 42 48 37 20 20 13 17 13 05 04    5
               09 11 12 20 24 22 21 32 40 53 75 89 115 134 150 156 181 180 170 132 87 69 43 45 38 29 21 11 06 05 10 06
               12 09 15 19 23 23 25 29 48 45 73 97 131 169 188 207 256 268 223 180 206 176 149 75 48 37 27 29 13 07 07 09 09
               05 13 08 18 18 20 20 21 35 52 67 83 105 157 219 244 299 360 363 292 229 179 145 86 51 46 42 31 25 18 16 08 09 09 09
               06 20 37 27 20 20 19 28 33 53 89 119 136 168 229 341 441 465 437 366 281 189 122 89 66 59 47 31 21 20 16 08 09 09 13
               08 19 31 2: 20 20 18 28 44 53 135 145 170 263 433 565 602 555 445 325 182 141 99 79 69 49 45 38 29 21 11 06 05 10 06 13
     X         09 16 19 19 20 20 19 28 39 52 73 132 170 176 263 502 666 724 602 502 367 256 176 114 85 72 44 36 21 20 16 16 13 16 18    O
               02 15 11 17 19 20 21 35 36 43 57 102 176 202 273 437 545 637 570 461 374 254 144 110 98 76 45 31 26 24 19 19 13 11 17
               10 19 18 1E 17 21 24 20 38 40 48 76 143 196 231 328 433 515 474 357 286 200 119 115 101 83 47 33 30 21 20 17 14 05 16
               19 28 34 22 19 18 21 24 27 40 53 79 124 172 194 240 280 316 318 270 260 170 118 94 97 77 40 22 19 11 13 07 05 11 05
               12 25 20 20 20 21 20 24 34 51 62 90 126 144 170 207 249 249 182 141 139 114 107 70 66 57 44 35 44 43 26 09 13 11
     5         16 21 20 21 21 19 24 23 32 46 51 72 105 133 147 191 202 178 144 153 126 74 62 79 74 47 32 36 30 20 19 12 08           5
               11 21 16 13 16 20 18 19 24 41 45 48 87 119 138 152 139 128 117 128 97 59 42 57 50 39 31 34 16 12 12 08 06
               18 12 07 12 22 20 21 33 40 52 61 79 104 106 93 80 77 65 57 50 39 30 23 16 15 05 21 06 04
               04 08 12 19 23 17 14 21 27 39 50 52 57 73 69 70 66 58 56 53 42 48 53 40 39 20 13 05 06 03
                  07 12 14 18 11 18 23 24 23 32 41 46 48 47 59 65 50 52 53 44 41 36 35 19 16 07 08 07
    10            08 09 09 09 21 33 29 23 19 32 37 33 39 38 43 39 34 38 40 44 35 27 24 11 19 12 08                10
                  05 04 05 09 19 30 34 24 26 25 26 30 29 33 32 29 38 43 40 32 22 20 11 15 13 11
                  05 05 10 15 24 22 18 23 25 24 21 23 24 29 22 42 43 33 31 24 18 17 12 12 07
                  08 12 16 15 15 20 24 30 25 16 16 20 27 20 27 44 23 19 12 09 12 14
    15               08 12 16 28 33 32 24 11 12 14 19 26 38 45 23 15 07 12 08                                     15
                        09 11 23 24 45 58 20 19 18 16 19 19 23 18 15 08 12
                           21 20 12 13 09 09 12 13 13 10 12
                              07 07 05 05 09 09 15
              15        10         5         0         5         10        15       E
```

Zahlentafel 3A. Die Verteilung des Lichtes sämtlicher Sterne im kugelförmigen Sternhaufen M 92.

vermessen hat. Da aber M 92 und M 15 von sehr ähnlichem Aufbau sind, zur gleichen Konzentrationsklasse IV gehören, habe ich für jedes der 32 inneren in Frage kommenden Felder nach der Proportion

$$\frac{F_K(\varrho) \text{ in } M\,92}{F_L(\varrho) \text{ in } M\,92} = \frac{F_K(\varrho) \text{ in } M\,15}{F_L(\varrho) \text{ in } M\,15}$$

die gesuchten $F_K(\varrho)$ in M 15 berechnet. In dem Zusammenhang hier ist diese Transformation von geringer Bedeutung; sie muß aber bei der Ableitung der räumlichen Helligkeitsverteilung in dieser sicher genügenden Näherung — einen anderen Weg gibt es außerdem nicht — eingeführt werden.

Verteilung des Lichtes in den kugelförmigen Sternhaufen M 5 usw. 27

Was die Veränderlichen in den drei Haufen anlangt, so ist es im Durchschnitt zulässig, einfach die für die Epoche der Kataloge notierten Größen zu benutzen. Nur bei dem sehr hellen Veränderlichen K 186 = B 42 in M 5 ist die Helligkeit aus der bekannten Periode für das Datum der Aufnahme K 59 gerechnet.

```
      15       10        5        N        5        10       15
                          40 20 21 10 03 00 03
 15               17 06 15 15 15 32 29 05 07 02 04 02 00                15
               30 35 21 05 03 10 08 20 25 16 10 02 03 00 00 04 05
            10 08 07 04 15 19 16 10 19 18 09 11 20 15 03 02 24 32 13
         02 01 01 01 04 01 05 07 18 20 35 26 11 42 36 30 08 04 15 10 05 01 03
         02 02 03 03 01 03 03 02 17 20 14 25 16 10 27 17 15 06 02 02 03 01 04 04 04
 10      07 02 03 08 03 05 17 26 11 15 27 14 06 06 07 05 09 07 07 03 01 07 03 04 01 00 02  10
         10 06 14 20 18 23 31 54 38 05 10 15 17 33 39 20 19 16 19 13 10 04 08 08 00 00 00
         12 13 17 14 11 05 10 21 31 42 10 12 23 49 66 50 20 10 10 24 27 19 12 16 16 07 15 23 07
      10 05 15 31 22 09 13 14 11 35 27 25 22 25 46 68 38 16 15 24 30 32 24 20 14 02 00 20 46 24 10
      20 12 14 20 15 20 25 11 26 43 28 35 37 21 20 30 30 31 31 41 29 19 14 18 13 05 02 05 24 19 06
  5   02 09 07 13 15 15 08 06 09 20 32 43 34 52 49 40 41 47 41 50 49 35 32 27 39 15 05 03 01 00 06 07 00  5
      05 00 02 07 17 08 03 05 14 12 20 31 52 63 54 58 80 70 79 90 90 54 52 30 13 19 15 27 03 00 00 00 00
      12 04 00 11 15 08 02 07 19 22 26 38 64 83 70 78 103 115 103 126 125 91 55 31 13 11 18 22 09 04 01 01 01
      03 04 10 08 10 06 01 00 05 27 30 39 30 57 110 86 106 145 137 121 121 93 63 41 26 14 13 08 06 03 05 01 02 07 03
      00 03 28 34 15 05 00 00 09 31 54 81 53 67 90 98 161 209 284 166 100 75 41 17 22 40 36 12 01 00 00 00 03 04
      05 07 27 23 14 05 00 01 10 37 59 83 64 72 90 159 296 362 289 205 175 85 54 45 39 52 40 12 02 14 11 05 00 05 10
  X   00 07 09 13 06 03 14 17 14 51 66 87 85 114 165 185 320 395 390 273 222 156 120 68 48 37 16 03 05 17 18 12 01 08 19     0
      03 03 01 02 04 05 10 13 15 09 23 45 70 82 104 165 298 342 280 231 195 139 71 48 40 40 28 13 13 07 15 15 10 04 12
      08 10 17 12 05 02 08 11 17 14 20 53 81 116 134 165 219 227 140 139 95 67 58 71 70 34 35 17 02 02 04 09 02 02
      05 14 25 17 11 12 02 01 02 00 05 27 51 79 88 97 100 157 159 125 99 92 54 61 51 34 16 21 27 14 04 00 04 00 01
      06 14 22 21 04 03 08 07 08 20 31 49 71 94 120 117 96 72 75 70 53 29 27 29 13 26 48 28 19 13 10 00
  5   04 13 17 10 06 02 02 06 19 16 13 29 47 59 69 81 119 75 59 91 74 25 33 45 64 22 33 32 21 14 20 08 00        5
      05 17 12 04 00 03 07 03 04 08 24 52 82 90 98 52 39 77 56 19 19 28 13 28 18 13 08 03 02 01 00
      17 10 05 04 11 20 13 06 11 15 24 18 26 52 50 46 17 10 25 32 20 13 15 21 17 06 12 10 02 03 02
      10 05 05 10 18 10 03 00 04 16 34 31 26 35 35 29 33 14 23 46 21 15 39 31 23 17 05 01 00 01 01
      03 07 07 08 03 01 08 15 03 11 06 19 34 18 32 55 35 16 17 15 09 22 18 28 20 12 01 00 01
 10        04 06 02 00 01 29 44 10 02 13 11 02 13 31 12 07 19 27 33 19 19 26 18 02 01 08 16                  10
            00 00 00 08 15 21 29 14 12 17 02 00 14 15 07 04 06 22 26 40 34 24 15 03 01 08 16
            00 00 03 09 11 06 11 16 12 07 05 11 17 19 18 24 19 19 08 06 00 03 02 06
         01 04 02 00 01 00 15 20 21 04 05 03 12 20 30 50 26 13 02 04 00 00 00
 15            21 04 04 21 40 36 16 08 03 03 10 26 39 44 20 04 02 03 00                                      15
               16 10 45 51 24 03 01 10 04 02 11 15 18 04 03 03 04
                  10 36 10 03 00 01 00 00 00 00 00 00 05
                     01 04 02 01 00 00 01
      15        10       5        0        5       10       15      E
```

Zahlentafel 3B. Die Verteilung des Lichtes der hellen Sterne im kugelförmigen Sternhaufen M 92.

Hinsichtlich der Genauigkeit der Intensitäten in den Tafeln 1A bis 3A folgt nach Anbringung der Korrektionen $\bar{\lambda}$ im Durchschnitt aus allen Platten der Kugelhaufenvermessung ein mittlerer Fehler von $\pm\, 0^{m}\!,054$ für ein Feld, das Mittel aus vier Einstellungen (Meßpunkten) am HARTMANNschen Mikrophotometer. Danach sind die Mittel aus

2 Feldern unsicher um $\pm\, 0^{m}\!,038$ m. F.
3   ,,   ,,   ,, $\pm\, 0,031$,,
4   ,,   ,,   ,, $\pm\, 0,027$,,
5   ,,   ,,   ,, $\pm\, 0,024$,,

und eine einzelne Einstellung um $\pm 0^{m}\!,\!11$ m. F. Aus $m = c - 2{,}5 \cdot \log i$ folgt nach Differentiation $di = -0{,}92 \cdot i \cdot dm$, so daß eine Angabe in 1A, 2A und 3A, erhalten aus einer Platte, um $\pm 5{,}0\%$ (m. F.) unsicher ist. Entsprechend sind die Mittel aus

$\quad$ 2 Feldern unsicher um $\pm 3{,}5\%$,
$\quad$ 3 $\quad$,, $\quad\quad$,, $\quad$ $\pm 2{,}9\%$,
$\quad$ 4 $\quad$,, $\quad\quad$,, $\quad$ $\pm 2{,}5\%$,
$\quad$ 5 $\quad$,, $\quad\quad$,, $\quad$ $\pm 2{,}2\%$.

Die Zahl der Einzelfelder (gleich der Zahl der Platten), die zu den Mitteln in den Tafeln 1A, 2A und 3A benutzt wurden, ist, der Tabelle 1 entnommen, in Tabelle 15 zusammengestellt.

Tabelle 13.

$H \atop \varrho$	M 5	M 15	M 92	$H \atop \varrho$	M 5	M 15	M 92
0^E	4,85	9,39	7,24	15^E	0,27	0,13	0,16
1	4,51	7,75	6,26	18	0,19	0,09	0,11
2	3,78	5,03	4,50	22	0,11	—	—
4	2,31	2,31	2,36	L	763,46	558,80	563,58
6	1,40	1,09	1,25	m_L	6,79	7,14	7,12
9	0,74	0,51	0,49	m_{VW}	6,6	7,0	7,0
12	0,42	0,23	0,27				

Tabelle 14.

$H \atop \varrho$	M 5	M 15	M 92	$H \atop \varrho$	M 5	M 15	M 92
0^E	2,60	5,00:	4,12	15^E	0,11	0,06	0,09
1	2,45	3,90:	3,51	18	0,09	0,05	0,06
2	1,95	2,35:	2,20	22	0,04	—	—
4	1,19	1,06	1,05	L_K	336,44	257,79	273,56
6	0,66	0,58	0,58	m_K	7,68	7,98	7,91
9	0,30	0,23	0,23				
12	0,16	0,10	0,12				

Tabelle 15.

M 5		M 15		M 92	
0^E bis 5^E	4 Platten	0^E bis 6^E	4 Platten	0^E bis 6^E	3 Platten
5 ,, 8	5 ,,	6 ,, 8	5 ,,	6 ,, 7	4 ,,
8 ,, 10	4 ,,	8 ,, 9	4 ,,	7 ,, 10	3 ,,
10 ,, 12	3 ,,	9 ,, 11	2 ,,	10 ,, 11	2 ,,
12 ,, 15	2 ,,	11 ,, 18	1 ,,	11 ,, 18	1 ,,
15 ,, 22	1 ,,				

Verteilung des Lichtes in den kugelförmigen Sternhaufen M 5 usw. 29

7. Vergleiche mit Ergebnissen anderer Beobachter.

Wie in der Einleitung dargelegt ist, hat Hogg die Helligkeitsverteilung in sechs Kugelhaufen, unter ihnen M 5, M 15 und M 92 auf 1, bzw. 2, bzw. 1 Platten, gemessen. Zunächst habe ich die beiden Hoggschen relativen Intensitätsverteilungen aus (5) und (6) für den großen Haufen im Herkules M 13 untereinander und mit den Angaben von Nabokov (4) verglichen. Schwierigkeiten wegen Verwendung verschieden großer Sternscheibchen können in dem Vergleichsgebiet keinesfalls eintreten, da die Sternscheibchen von nahezu gleicher Größe sind ($r \approx 10''$). Mit der Entfernung vom Zentrum in Bogenminuten sind in der nächsten Tabelle 16 die relativen Intensitäten angeführt; dabei sind die in Größenklassen gegebenen Hoggschen Werte in (5) nach $I = 100 \cdot 2{,}512^{-m}$ in Intensitäten umgewandelt. Die beiden letzten Spalten der Tabelle enthalten die Verhältnisse

$$[1] = \frac{\text{Hogg HB 870}}{\text{Hogg AJ 42}} \quad \text{und} \quad [2] = \frac{\text{Nabokov RAJ}}{\text{Hogg HB 870}}.$$

Tabelle 16.

ϱ	Hogg AJ 42	Hogg HB 870	Nabokov RAJ	[1]	[2]
0',4	92	66,7	79	0,72	1,18
0,7	58,2	50,6	55	0,87	1,09
1,2	32,9	33,1	41	1,01	1,24
1,7	17,7	26,1	32	1,48	1,23
2,2	10,8	22,5	25	2,08	1,11
2,7	6,5	20,5	20	3,15	0,98
3,2	4,0	19,4	17 :	4,85	0,88 :
3,7	2,5	18,5	14 :	7,40	0,76 :

Die Abweichungen der Quotienten [1] von einer Konstanten vermag ich nicht zu klären. Die Streuung von [2] rührt zum größten Teil davon her, daß die Intensitäten Nabokovs sehr ungenau aus seiner sehr kleinen graphischen Darstellung zu entnehmen sind; [1] gegenüber ist hier die Übereinstimmung vollständig. Die letzten beiden Intensitäten Nabokovs sind unter der Annahme, daß die Helligkeitsdichte bei 7',5 verschwindet, von Nabokov selbst extrapoliert.

Zum Vergleich der Hoggschen Ergebnisse (6) mit den meinen dienen die Zahlen der Tabelle 17. Geringe systematische Abweichungen sind nicht zu verkennen. So erreichen bei allen Haufen die Quotienten L/H bei $6^{E}{,}0$ ein Maximum, um nach beiden Seiten, nach außen langsam, nach innen schneller, wieder abzuklingen. Nun muß beachtet werden, daß die Hoggschen Meßpunkte auf der Platte infolge des von ihm benutzten

„Schirmverfahrens" wenig dicht liegen, etwa $\pi/16 = 0.20$, also ein Fünftel der Fläche des Kugelhaufens bedecken, so daß die Intensitäten im Zentrum wesentlich von einer vorhandenen Verschiedenheit des Randabfalles mit dem Positionswinkel abhängen. Hinzu kommt, daß die Sternscheibchen Hoggs einen Radius von $0^E_.80$ gegen $1^E_.07$ bei mir besitzen, dadurch die Bemerkung des vorigen Satzes unterstützen und zudem die Quotienten L/H im Zentrum um etwa eine Einheit der letzten Dezimale vergrößern. Denn für eine nur für das Zentrum notwendige Abschätzung ist es hinreichend, bei $\varrho = 1^E_.0$ differentiell in die Tabelle 11 einzugehen, um sofort zu sehen, daß im Mittel die dadurch bedingten Änderungen 3% betragen, also die genannten Verbesserungen ermöglichen.

Tabelle 17.

	M 5			M 15			M 92		
ϱ	H	L	L/H	H	L	L/H	H	L	L/H
$0^E_.0$	140	4,85	0,035						
1,2				343	7,15	0,021	194	5,91	0,030
1,8				209	5,55	27	134	4,87	36
2,4	82	3,41	42	158	4,30	27			
4,2	40,2	2,18	54	64,0	2,17	34	52,5	2,19	42
7,2	18,1	1,13	62	24,0	0,80	33	19,7	0,82	42
10,2	11,7	0,59	50	11,5	0,39	34	10,6	0,39	37
13,2	6,4	0,36	56	7,1	0,18	25	9,8	0,21	21
16,2	4,4	0,23	52	4,4	0,11	25	4,5	0,14	31
19,2	2,4	0,17	71	3,2	0,08	25	3,2	0,09	28

8. Die Verteilung des Lichtes im Raum.

Als erster hat 1908 v. Zeipel (23) gezeigt, daß aus der Dichteverteilung der Sterne in einem genau kugelförmigen Sternhaufen die entsprechende räumliche Verteilung hergeleitet werden kann. Ist nämlich

R der Radius des Sternhaufens,

$F(r)$ die Dichte in der Projektion in einer Entfernung

r vom Zentrum,

$\Phi(\varrho)$ die räumliche Dichte in der Entfernung

ϱ vom Mittelpunkt,

so ist

$$\Phi(\varrho) = \frac{1}{\pi} \int_{\varrho}^{R} \sqrt{r^2 - \varrho^2} \cdot \frac{d}{dr}\left(\frac{1}{r} \cdot \frac{dF}{dr}\right) dr \qquad (10)$$

mit der Voraussetzung $\Phi(R) = 0$.

Offenbar aus dem Grunde, daß diese Bedingung nicht mathematisch genau erfüllt ist, hat v. ZEIPEL (24) später eine andere Lösung angegeben:

$$\Phi(r) = \frac{1}{\pi} \int_0^{\sqrt{R^2 - r^2}} P(\sqrt{z^2 + r^2})\, dz \tag{11}$$

mit

$$P(r) = -\frac{1}{r} \cdot \frac{dF}{dr} \quad \text{und} \quad z^2 + r^2 = \varrho^2. \tag{12}$$

Am einfachsten ist jedoch für numerische Anwendung die Methode PLUMMERs (25), bei der die Projektion des Haufens in Parallelstreifen eingeteilt wird. Ist $S(r)$ die Anzahl der Sterne in einem solchen Streifen in der Entfernung r vom Zentrum, so folgt

$$\Phi(r) = -\frac{1}{2r\pi} \cdot \frac{dS}{dr}. \tag{13}$$

Diese ursprünglich statistischen Zwecken dienenden Entwicklungen lassen sich natürlich auch auf die vorliegenden photometrischen Ergebnisse anwenden; es braucht dann nur Helligkeitsdichte statt Sterndichte zu heißen.

Die PLUMMERsche Streifenformel kann aber nur strenge Ergebnisse liefern, solange R sorgfältig abgeschätzt ist und der Verlauf der Helligkeitsdichte bis zu dieser Grenze R bekannt ist. Wie aus Registrierungen einiger meiner Platten mit dem Registrierphotometer folgt, ist bei den drei Haufen R von der Größenordnung 40^E bis 50^E, also 7 bis 8 Bogenminuten groß. Diese Tatsache verlangt zur Reduktion des viel engeren von mir vermessenen Gebietes[1]) eine Abschätzung, deren Herleitung im folgenden dargelegt wird.

In einem ebenen, rechtwinkligen Koordinatensystem mit den Achsen x und y und dem Ursprung im Haufenzentrum gilt bei der eben genannten Bedeutung von r, R, $F(r)$, $S(r)$

$$S(x) = 2 \int_0^{\sqrt{R^2 - x^2}} F(r)\, dy, \tag{14}$$

falls der Streifen $S(x)$ parallel zur y-Achse liegt. Die Streifenfunktion läßt sich in zwei Summanden zerlegen:

$$S(x) = S_1(x) + 2 S_2(x)$$
$$= 2 \int_0^{\mathfrak{y}} F(r)\, dy + 2 \int_{\mathfrak{y}}^{\sqrt{R^2 - x^2}} F(r)\, dy. \tag{15}$$

---

[1]) Auch HOOG ist mit dem 60-Zöller nicht erheblich weitergekommen; er hat aber mit Sternzählungen eine Erweiterung bis 7′,0 durchgeführt.

Aus den Tafeln 1 A bis 3 B ist ersichtlich, daß die Integration nur bis zu einem $\mathfrak{y}$ erfolgen kann, das grob der Kreisgleichung $x^2 + \mathfrak{y}^2 = R_0^2$, wo R_0 die Grenze meiner Photometrierung ist, genügen muß. Falls es nun gelingt, durch geeigneten Zusammenhang zwischen x und $\mathfrak{y}$ den Summanden $2 \cdot S_2(x)$ konstant zu halten, ist

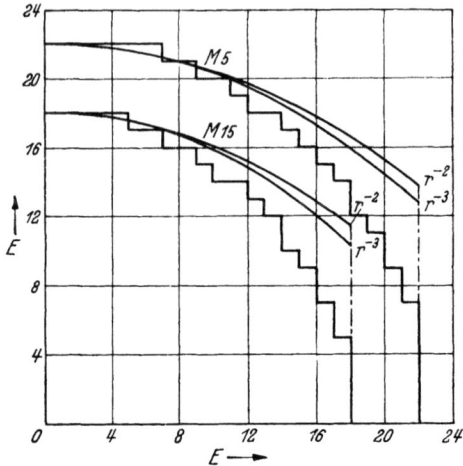

Abb. 5. Die Verbesserungen zur Anwendung der Plummerschen Formel für M 5 und M 15. (Aus Gründen der Übersicht ist auf die Darstellung der Funktion bei M 92 verzichtet.)

$$\frac{dS(x)}{dx} = \frac{dS_1(x)}{dx}, \quad (16)$$

und damit

$$\Phi(x) = -\frac{dS_1}{2x\pi} dx \quad (17)$$

bis R_0 mit einer gewissen Korrektion ohne ein Vorgehen bis zur Haufengrenze R zu errechnen.

Zunächst ist bei festem x und der Kreisgleichung $x^2 + y^2 = r^2$

$$S_2(x) = \int_{r_\mathfrak{y}}^{R} F(r) \frac{r \cdot dr}{\sqrt{r^2 - r^2}}. \quad (18)$$

Angenommen, $F(r)$ wäre bis R bekannt, so könnte man zu $x = 0$ und $r_\mathfrak{y} = \mathfrak{y}$ den Wert $S_2(0)$ bestimmen. Mit diesen $S_2(0)$ ergäbe sich dann zu jedem x ein $r_\mathfrak{y}$, und daraus endlich nach $\mathfrak{y} = \sqrt{r_\mathfrak{y}^2 - x^2}$ das gesuchte $\mathfrak{y}(x)$. Ich habe nun, den Verhältnissen eng angepaßt, für die Ansätze $F(r) = c/r^2$ und $F(r) = c/r^3$ unter Beachtung der in Tabelle 18 angeführten Daten den in Abb. 5 veranschaulichten Verlauf der Funktion $\mathfrak{y}(x)$ bestimmt (Tabelle 19). Zur Tabelle 18 ist noch zu bemerken, daß in ihren beiden letzten Zeilen die Konstanten $S_2(0)/c$ für die beiden betrachteten Fälle (bei r^{-2} in Graden) stehen.

Das Ergebnis entspricht in doppelter Hinsicht den Erwartungen. Ist nämlich y_{R_0} die mittlere Höhe der die photometrierten Gebiete begrenzenden Stufenzüge, so sind für beide $\mathfrak{y}$ die Abweichungen $\mathfrak{y} - y_{R_0}$ bei großem x merklich, hingegen die Differenzen $\mathfrak{y}(r^{-2}) - \mathfrak{y}(r^{-3})$ beim gleichen x unbedeutend.

Verteilung des Lichtes in den kugelförmigen Sternhaufen M 5 usw.

Tabelle 18.

	M 5	M 15	M 92
x	0^E	0^E	0^E
R	50	50	50
r_η	22	18	17,3
$S_2(0)$ $\{r^{-2}$	$1{,}459$	$2{,}038$	$2{,}166$
$c.$ $\{r^{-3}$	0,000 833	0,001 343	0,001 466

Tabelle 19.

$\dfrac{F}{x}$	M 5		M 15		M 92	
	$(r-2)$	$(r-3)$	$(r-2)$	$(r-3)$	$(r-2)$	$(r-3)$
0^E	$22{,}0^E$	$22{,}0^E$	$18{,}0^E$	$18{,}0^E$	$17{,}3^E$	$17{,}3^E$
6	21,4	21,4	17,3	17,3	16,6	16,5
12	19,6	19,4	15,2	14,9	14,4	14,0
18	16,6	15,9	11,4	10,3	10,3	9,2
22	13,6	12,5	—	—	—	—

Es kann nun in genügender Annäherung der Helligkeitsverlauf sowohl des gesamten als auch des Lichtes der hellen Sterne in der Nähe von R_0 mit einem n zwischen -2 und -3 in der Form r^n geschrieben werden, dem sich eine zugehörige Begrenzungskurve $\eta = \eta(n, x)$ zuordnen läßt, die ihrerseits zwischen den Kurven $\eta = \eta(-2, x)$ und $\eta = \eta(-3, x)$ liegt. Für $n = 0$ ergäbe sich als Grenzkurve $\eta = R_0$; mit wachsendem n schmiegen sich die Kurven $\eta(n, x)$ dem Kreise mit Radius R_0 immer mehr an.

Damit zeigt sich tatsächlich die Möglichkeit, bei $R_0 \approx R/2$ die räumliche Verteilungsfunktion $\Phi(x)$ bis $x = R_0$ recht exakt zu bestimmen, sofern man zur Lichtmenge jedes Streifens $S_{R_0}(x)$ noch die verhältnismäßig sicher zu extrapolierende Lichtmenge des Zusatzstreifchens zwischen η_{R_0} und $\eta(-3, -2)$ doppelt addiert. Dabei bedeutet $\eta(-3, -2)$ den mittleren Stufenzug zwischen den beiden Kurven $\eta(-2, x)$ und $\eta(-3, x)$. Für die neue Begrenzung einen Stufenzug zu wählen, vereinfacht die Rechnung; sonst ist es mit Rücksicht auf die sowieso notwendige Glättung der Streifenfunktion $S_1(x)$ eine gänzlich belanglose Vernachlässigung. In den Tabellen 20 und 21 sind die verbesserten Streifenfunktionen $S_{1L}(x)$ und $S_{1K}(x)$, im Mittel zusammengezogen aus vier entsprechenden Streifen, sowie die nach ihrer graphischen Glättung erhaltenen räumlichen Verteilungsfunktionen $\Phi_L(x)$ und $\Phi_K(x)$ aufgestellt. Die Indizes L bzw. K beziehen sich auf meine Photometrierung bzw. auf die Verteilung des Lichtes der Katalogsterne.

Der Verlauf der räumlichen Helligkeitsdichten ist in Abb. 6 dargestellt. Dabei ist aus Gründen der Übersicht der Verlauf in Größenklassen angegeben ($m = 0{,}^m0$ bei $\Phi = 1{,}0$) und M 92, mit M 15 sehr eng zusammenfallend, weggelassen. Dieser Verlauf ist gültig für eine scheinbare Sternscheibchengröße von $10{,}''7$ Radius. Für M 15 ist die räumliche Helligkeitsverteilung auch von Hogg bestimmt worden. Die Unterlagen für einen Vergleich seiner Ergebnisse (6) mit den meinen liefert Tabelle 22. Mit dem

Tabelle 20.

	M 5			M 15			M 92	
x	$S_{1L}(x)$	$S_{1K}(x)$	x	$S_{1L}(x)$	$S_{1K}(x)$	x	$S_{1L}(x)$	$S_{1K}(x)$
$0^E,5$	49,59	24,65	$0^E,5$	57,71	27,49	0^E	55,23	29,17
	46,22	21,48		48,04	21,32		50,16	24,22
	40,99	18,48		37,24	16,19		41,98	18,22
	36,24	17,09		28,70	12,42		33,98	15,54
	31,92	15,48		22,49	10,71		26,77	13,27
5,5	26,99	11,48	5,5	17,87	8,53	5	21,70	10,40
	22,36	8,51		14,71	7,52		16,94	8,14
	19,12	6,77		12,17	5,38		13,40	6,53
	16,29	5,99		9,90	4,70		11,37	6,06
	14,52	5,99		7,58	3,44		9,16	4,47
10,5	13,31	5,37	10,5	5,99	2,66	10	7,17	3,53
	12,48	5,22		4,62	1,89		5,93	2,68
	10,70	5,17		4,32	2,39		4,93	2,42
	9,18	3,87		3,48	1,88		4,42	2,59
	7,52	3,00		2,84	1,48		3,97	2,63
15,5	6,71	2,85	15,5	2,57	1,29	15	3,67	2,27
	5,51	2,27		2,08	0,93		2,63	1,39
	4,49	1,66		1,65	0,76		2,18	1,23
	4,09	1,53		1,30	0,58			
	3,52	1,38						
20,5	3,00	1,26	20,5			20		
	2,60	1,07						
	2,30	0,90						

Tabelle 21.

x	M 5		M 15		M 92	
	Φ_L	Φ_K	Φ_L	Φ_K	Φ_L	Φ_K
0^E	0,6100	0,5030	1,9400	1,3420	1,5200	1,3780
1	5520	4280	1,6000	1,0350	1,2500	1,0370
2	4110	2500	0,8620	0,3990	0,6570	3170
3	2770	1260	4570	1870	4000	1390
4	1960	0980	2490	0960	2510	1120
5	1420	764	1430	600	1590	0756
6	1050	578	0894	395	1020	476
7	0777	418	625	289	0664	300
8	564	282	449	210	447	190
9	404	177	327	150	319	138
10	296	115	239	110	226	099
11	227	079	172	076	164	73
12	184	63	122	53	119	53
14	130	48	065	32	069	35
16	091	35	39	23	45	26
18	62	25	24	15	30	20
20	40	15				
22	25	07				
24	15	03				

Verteilung des Lichtes in den kugelförmigen Sternhaufen M 5 usw. 35

Tabelle 22.

x	$H_{(I)}$	$H_{(m)}$	$L_{(m)}$	$(H-L)_{(m)}$	$H'_{(m)}$	Δm $0^{m},01$
$1,5^E$	214	$-0^{m},83$	$-0^{m},17$	$-0^{m},66$	$-0^{m},12$	$+5$
4, 5	38,6	$+1,03$	$+1,82$	$0,79$	$+1,74$	-8
7, 5	10,3	$2,47$	$3,19$	$0,72$	$3,18$	-1
10, 5	3,02	$3,80$	$4,25$	$0,45$	$4,51$	$+26$
13, 5	1,47	$4,58$	$5,30$	$0,72$	$5,29$	-1
16, 5	0,83	$+5,20$	$+6,14$	$-0,94$	$+5,91$	-23
				$-0,71$		

Argument x gibt sie in der zweiten Spalte die von Hogg gefundenen relativen räumlichen Helligkeitsdichten. Mit dem Nullpunkt: Helligkeitsdichte = 100 für die Größe $0^{m},00$, gibt dann die dritte Spalte die Helligkeitsdichten in Größenklassen an. Daneben stehen die von mir gefundenen Werte, und in der fünften Spalte die Differenzen $H - L$ mit ihrem Mittel. Dieses habe ich nun von den Größen der dritten Spalte abgezogen, das Ergebnis in Spalte 6 und Abb. 6 angegeben und zuletzt die Abweichungen $\Delta m = H' - L$ gebildet.

Es ist sofort zu sehen, daß die Hoggsche Helligkeitsverteilung in einem Intervall von nahezu sieben Größenklassen — im Gegensatz zu den systematischen Unterschieden bei der Verteilung in der Projektion[1]) — gut mit der von mir gefundenen übereinstimmt.

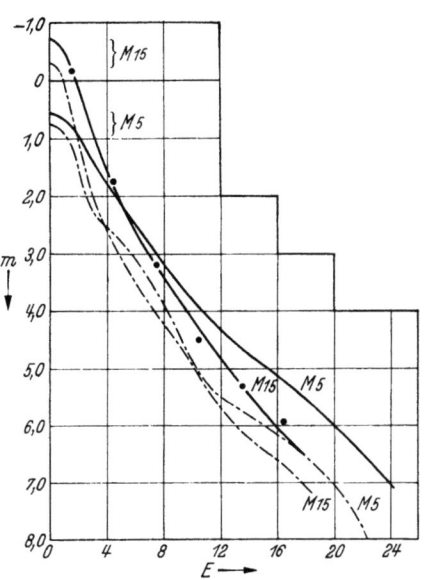

Abb. 6 Die räumliche Helligkeitsverteilung. (Das Licht sämtlicher Sterne stellen die ausgezogenen, das der hellen die unterbrochenen Kurven dar. Die Punkte beziehen sich auf Hoggs Ergebnis für M 15.)

Es kann dies nur an der Arbeitsweise der Plummerschen Formel liegen, da sich durch die Summation der Helligkeitsdichten über die Streifen die vorliegenden Skalenfehler weitgehend eliminieren.

---

[1]) Vgl. Abschnitt 7, Tabelle 16.

9. *Das Licht der schwachen Sterne.*

Um den Begriff „schwache Sterne" möglichst scharf zu fassen, ist es erforderlich, die Verteilung der Katalogsterne auf die Größenklassenintervalle zu untersuchen. Zu diesem Zwecke habe ich alle Sterne, die in das von mir ausphotometrierte Gebiet fallen, auf Intervalle von $0^{m}\!.50$ verteilt. Tabelle 23 enthält in der oberen Reihe die Mitten dieser Intervalle (I. S.); die übrigen Reihen geben: die Zahl der Sterne (1), ihr Gesamtlicht im Intervall (2) und das sukzessiv aufsummierte Gesamtlicht (3) an. Über die oben angegebenen Helligkeitsgrenzen hinaus sind die Größen einiger noch schwächerer Sterne von KÜSTNER und HOPMANN geschätzt worden, die aber nur in einem Teilintervall liegen. Die diesbezüglichen Zahlen enthält Tabelle 24, in der nach der Bezeichnung des Haufens das Teilintervall und die den drei Reihen (1), (2), (3) der Tabelle 23 entsprechenden Werte folgen. Die Spalte (4) enthält den exakten Wert des Lichtes der hellen Sterne (vgl. Tabelle 14), wobei jedoch nicht zu erwarten ist, daß die Zahlen der Spalten (3) und (4) bis zur letzten Dezimale übereinstimmen, da ich bis auf die wenigen hellsten Sterne jedem Stern die Intensität der Intervallmitte zugeordnet habe.

Tabelle 23.

		$12^{m}\!.0$	12,5	13,0	13,5	14,0	14,5	15,0	15,5	16,0	16,5
M 5	(1)	1	1	3	12	57	123	232	194	156	
	(2)	4,53	5,01	7,53	18,96	57,00	77,61	92,34	48,69	24,65	
	(3)	4,53	9,54	17,07	36,03	93,03	170,64	262,98	311,67	336,32	
M 15	(1)	0	0	1	6	37	53	67	146	304	116
	(2)			2,20	9,48	37,00	33,44	26,67	36,65	48,03	11,60
	(3)			2,20	11,68	48,68	82,12	108,79	145,44	193,47	205,07
M 92	(1)	0	0	2	22	31	74	170	160	98	291
	(2)			5,02	34,76	31,00	46,69	67,66	40,10	15,48	29,10
	(3)			5,02	39,78	70,78	117,47	185,13	225,29	240,77	269,87

Tabelle 24.

	Teilintervall	(1)	(2)	(3)	(4)	Bemerkung
M 5	$16^{m}\!.25$ bis $16^{m}\!.31$	13	1,56	337,88	336,44	
M 15	16,75 „ 16,88	73	5,25	210,32	257,79	Ohne ** des Kernes!!
M 92	16,75 „ 16,85	48	3,65	273,52	273,56	

Die Sternzahlen in den Tabellen 23 und 24 sind natürlich bei den allerschwächsten Sternen unvollständig, so daß die Einführung einer Art Grenzgröße notwendig wäre. Dies hätte aber nur dann Sinn, wenn die Unvollständigkeit weit zu den helleren Sternen reichen würde. Da das letztere jedoch nicht der Fall ist, und die Sterne des engen Unvollständigkeitsbereiches äußerst wenig zum Gesamtlicht der Katalogsterne beitragen, habe ich auf eine derartige Reduktion verzichtet.

Viel wesentlicher jedoch ist der Umstand, daß KÜSTNER und HOPMANN den innersten Kern der Kugelhaufen nur bei Aufnahmen kürzerer Belichtungszeit auflösen konnten. Damit kann die unbedingt notwendige Homogenität der Φ_K bezweifelt werden. Denn einerseits wird dadurch im Kern gegenüber äußeren Gebieten die mittlere Helligkeit der einzelnen Sterne auf Kosten der schwachen Sterne heraufgedrückt; andererseits fällt Licht der schwachen Sterne infolge der großen Sterndichte im Kern bei der photographischen Abbildung auf die Sternscheibchen der hellen, so daß ein Teil der schwachen Sterne indirekt mit in jenen steckt. Aus diesem Grunde wird der erste Effekt wieder vergrößert, doch werden dadurch die Abweichungen der Φ_K von der Homogenität gemildert. Angesichts dieser beiden Tatsachen und der sehr wahrscheinlichen Möglichkeit, daß die schwachen und hellen Sterne nicht notwendig gleichmäßig verteilt zu sein brauchen, hätte es wenig Sinn, in den vorliegenden Fällen aus der kürzestbelichteten Platte KÜSTNERS oder HOPMANNS eine Grenzgröße $m_G \leqq \mu$ anzusetzen und alle schwächeren Sterne der weiterreichenden Platten wegzulassen. (Dabei ist μ der schwächste auf der ersten Platte gemessene Stern). Denn dann würde man wegen einer Unsicherheit im innern Kern, die obendrein bei der Ableitung der räumlichen Verteilung nach PLUMMERS Methode wenig bedeutend ist, auf Erkenntnisse in den erheblich ausgedehnteren homogenen Gebieten außerhalb des Kerns verzichten. Keinesfalls wird dadurch die hier gefundene Tatsache wesentlich geändert:

Die Verteilung der hellen und schwachen Sterne in den kugelförmigen Sternhaufen M 5, M 15 und M 92 weist eine Abhängigkeit von der Entfernung vom Zentrum auf. In den Kernen sind prozentual wenig schwache Sterne vorhanden. Die graphische Darstellung des Lichtes der schwachen Sterne im Verhältnis zu dem sämtlicher Sterne, also $\dfrac{\Phi_L - \Phi_K}{\Phi_L}$, ist in Abb. 7 angegeben. Es zeigt sich, daß das Licht der schwachen Sterne dem der hellen ungefähr gleich ist, wobei die praktische Trennung der beiden Gruppen etwa bei den Größen $16^m_.2$ für M 5, $16^m_.8$ für M 15 und $16^m_.7$ für M 92 liegt.

Über das Fehlen der schwachen Sterne im Kern hat SHAPLEY[1] schon mehrfach für verschiedene kugelförmige Sternhaufen Vermutungen in

---
[1] Vgl. z. B. (26).

gleichen Sinne ausgesprochen, doch war es ihm selbst mit den Instrumenten des Mount Wilson Observatory nicht möglich, diesen Befund direkt zu bestätigen. Auch Hogg kommt für M 15 auf Grund eines Vergleiches von Sternzählungen mit der Verteilung des Gesamtlichtes, beides in der Projektion, zu einem ähnlichen Schluß (6). Er sagt aber darüber nur, daß diese Konzentration der sehr hellen Sterne im Kern, die, falls reell, sehr wichtig ist, in größerem Umfange untersucht werden sollte.

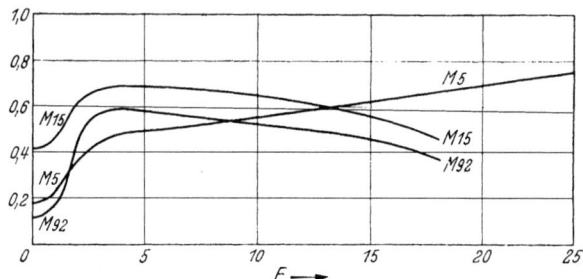

Abb. 7. Das Licht der schwachen Sterne im Verhältnis zu dem aller Sterne. Die Werte für M 15 sind um 0,1 Einheiten höher eingezeichnet.

Aus den Darstellungen der Abb. 7 ergibt sich weiterhin, daß in den beiden stärker konzentrierten Haufen M 15 und M 92 innerhalb des ausgemessenen Gebietes eine Kugelschale existiert, in der schwache Sterne vorherrschen. Sollte dies bei dem weniger dichten Haufen M 5 auch der Fall sein, so läge diese Schale außerhalb des von mir vermessenen Bereiches. Nimmt man nun mit Jeans (27) an, daß sich unter Hinzunahme des Gravitationsfeldes des Sternsystems die Kugelhaufen wenigstens zum Teil auflösen, so zeigt sich, daß das Abwandern der schwachen, masseärmeren Sterne schneller als das der hellen, massereicheren vonstatten geht. Dabei ist allerdings vorausgesetzt, daß diese drei Kugelhaufen, wenn auch zu verschiedenen Zeiten, einmal eine gleichartige Verteilung ihrer Sterne besessen haben.

Theoretische Untersuchungen über die Dynamik der Kugelsternhaufen — auch im Sinne Jeans — durchzuführen, ist nicht die Aufgabe der vorliegenden Arbeit gewesen; doch ist es zweifellos vielversprechend, mit den erzielten Beobachtungsergebnissen die Jeansschen Gedankengänge zu erweitern.

10. Übersicht.

Die Aufgabe der vorliegenden Arbeit ist eine zweifache. Zuerst ist gezeigt worden, daß sich unter Beseitigung kleiner Fehlerquellen — bedingt durch Instrument und photographische Platte — mit guter Sicherheit aus fokalen Aufnahmen an einer 80 cm-Kamera (1 : 1,5) ein Überblick über die Helligkeitsverteilung in kugelförmigen Sternhaufen gewinnen läßt. Zweitens ist nach Abzug des Lichtes der bekannten hellen Sterne, pro Haufen etwa 1200, ein Überschuß festgestellt worden, der offenbar dem Lichte der schwachen Sterne zukommt. Die letzteren verteilen sich räumlich nicht gleichmäßig; die Kerne der Haufen enthalten prozentual die wenigsten.

Im Rahmen dieser beiden Punkte erwiesen sich Hilfsbetrachtungen zur Reduktion als notwendig. Es wurde theoretisch auf die Änderung der Verteilung des Lichtes hingewiesen, falls durch entsprechende Extrafokalität der Aufnahmen die einzelnen Sternscheibchen im Durchmesser variieren. Dazu ließ sich zeigen, daß es, von den üblichen Methoden wesentlich abweichend, möglich ist, den mittleren Helligkeitsverlauf aus einer Folge verschieden extrafokaler Aufnahmen abzuleiten. In der Praxis fokaler Aufnahmen ist es nicht möglich, in Analogie zu extrafokalen Aufnahmen die Helligkeitsverteilung ohne weiteres abzuleiten; doch ergab sich in Verbindung mit anderen Ergebnissen ein Reduktionsweg. Schließlich war es bei Anwendung der PLUMMERschen Methode zur Ableitung der räumlichen Verteilung aus der Projektion notwendig, da die Ausmessung nicht bis zur totalen Haufengrenze ausgedehnt werden konnte, eine Begrenzung so zu finden, daß die PLUMMERsche Formel exakte Ergebnisse abzuleiten gestattet.

Für Anregung und Förderung dieser Arbeit bin ich Herrn Prof. HOPMANN sehr zu Dank verpflichtet.

Literaturverzeichnis.

1) E. HERTZSPRUNG, A. N. **207**, 89, 1918. — 2) N. BARABASCHEFF, ebenda **220**, 299, 1924. — 3) J. SCHILT, A. J. **38**, 109, 1928. — 4) M. NABOKOV, R. A. J. **1**, 109, 1924. — 5) S. HOGG, Harv. Bull. No. 870, **4**, 1929. — 6) S. HOGG, A. J. **42**, 77, 1932. — 7) E. RYBKA, B. A. N. **5**, 257, 1930. — 8) H. NÖBEL, Inauguraldissertation Leipzig 1934. — 9) S. LEAVITT, Harv. Ann. **71**, Nr. 4, 1917. — 10) J. BAILEY, ebenda **78**, 103, 1917. — 11) J. BAILEY, Harv. Ann. **78**, 199, 1919. — 12) H. SHAPLEY u. S. LEAVITT, Harv. Bull. Nr. 781, 1923. — 13) F. KÜSTNER, Veröffentl. Bonn Nr. 26, 22, 1933. — 14) F. KÜSTNER, ebenda Nr. 15, 1921. — 15) J. HOPMANN, Accademia delle Scienze Nuovi Lincei **14**, 1930. — 16) R. PRAGER, Kleinere Veröffentl. Berlin-Babelsberg Nr. 14, 1935. — 17) G. EBERHARD, Handb. d. Astrophysik **2**, 490, 1931. — 18) F. KÜSTNER, Veröffentl. Bonn Nr. 17, 1922. — 19) H. SHAPLEY, M. W. C. Nr. 176, 1920. — 20) M. NABOKOV, R. A. J. **1**, 115, 1924. — 21) O. HECKMANN u. H. SIEDENTOPF, ZS. f. Astrophys. **1**, 67, 1930. — 22) N. VYSSOTSKY u. R. WILLIAMS, Ap. J. **77**, 301, 1933. — 23) H. v. ZEIPEL, Annales de Paris. Mémoires **25**, F, 1908. — 24) H. v. ZEIPEL u. J. LINDGREN, Kgl. Svenska vet. akad. handlingar **61**, No. 15, 1921. — 25) C. PLUMMER, M. N. **71**, 460, 1911. — 26) H. SHAPLEY, M. W. C. No. 116, 1915. — 27) J. JEANS, M. N. **82**, 132, 1922.

Lebenslauf

Ich, Heinrich Werner Lohmann, ev.-luth., wurde am 18. Juli 1911 in Leipzig als Kind des Stadtamtmanns Alfred Lohmann und seiner Ehefrau Gertrud, geb. Engler, geboren. Den ersten Schulunterricht erhielt ich in der hiesigen 48. Volksschule. Von Ostern 1922 an besuchte ich die Herderschule (früher Oberrealschule im Süden) in Leipzig, die ich Ostern 1931 mit dem Reifezeugnis verließ. Seit dem Sommersemester 1931 studierte ich an der Universität Leipzig Astronomie, Physik und Mathematik. September und Oktober 1932 weilte ich an der Sternwarte Sonneberg in Thüringen und konnte dort auf Anregung des Herrn Dr. Hoffmeister eine einfache photometrische Arbeit „Vergleichssternfolgen für Veränderliche in Lyra, Herkules und Vulpecula" durchführen, die als Heft 21 der Mitteilungen der Sternwarte zu Sonneberg 1932 erschienen ist.

In Leipzig hörte ich Vorlesungen bei den Herren Dozenten Altrock, Debye, Heisenberg, E. Hölder, Hopmann, Hund, Koebe, Lichtenstein, Schnee und v. d. Waerden. Ihnen, sowie Herrn Dr. Hoffmeister (Sonneberg) und Herrn Dr. Schaub (Universitätssternwarte Leipzig), welcher mir zu den photographischen Aufnahmen seine Kamera zur Verfügung stellte, danke ich für ihr Interesse an meinem Studium.

Meinem verehrten Lehrer, Herrn Prof. Hopmann, danke ich aber ganz besonders für die Anregung zu dieser Untersuchung und für die Hilfe, die er mir bei meinen Arbeiten angedeihen ließ.

MIX
Papier aus verantwortungsvollen Quellen
Paper from responsible sources
FSC® C105338

If you have any concerns about our products,
you can contact us on
ProductSafety@springernature.com

In case Publisher is established outside the EU,
the EU authorized representative is:
**Springer Nature Customer Service Center GmbH
Europaplatz 3, 69115 Heidelberg, Germany**

Printed by Libri Plureos GmbH
in Hamburg, Germany